松弛感

活出人生

陈舒盈 著

三环出版社

图书在版编目（CIP）数据

活出人生松弛感 / 陈舒盈著. -- 海口：三环出版社（海南）有限公司, 2025.3. -- ISBN 978-7-80773-559-5

Ⅰ. B821-49

中国国家版本馆 CIP 数据核字第 2024SB7193 号

活出人生松弛感
HUOCHU RENSHENG SONGCHIGAN

著　　者	陈舒盈
责任编辑	郑俊云
责任校对	张华华
责任印制	万　明
封面设计	韩　立
出版发行	三环出版社（海口市金盘开发区建设三横路2号）
	邮　编 570216　邮　箱 sanhuanbook@163.com
出 版 人	张秋林
印刷装订	三河市华成印务有限公司
书　　号	ISBN 978-7-80773-559-5
印　　张	10
字　　数	150 千字
版　　次	2025 年 3 月第 1 版
印　　次	2025 年 3 月第 1 次印刷
开　　本	720 mm×1000 mm　1/16
定　　价	48.00 元

版权所有，不得翻印、转载，违者必究。
如有缺页、破损、倒装等印装质量问题，请寄回本社更换。
联系电话：0898-68602853　0791-86237063

前言
PREFACE

现代社会,生活节奏繁忙,"紧绷"的生活状态几乎充斥在我们生活的点点滴滴,存在于各种社交关系里。从职场,到家庭,再到人生,似乎每个人都活得很不放松,所以人们才如此向往"松弛"。

生活总会让我们感受成败得失,经历悲欢离合,尝尽世间的酸甜苦辣;生活不是一场赛跑,而是一段值得细细品尝的温馨旅程。我们对生活有什么企盼并不重要,重要的是让我们的人生活得不要太紧绷,活出一种精神,活出一种品位,活出一份至真至纯的松弛状态。

人生不要太紧绷,平淡地看待虚浮的名利,理智地去掉莫名的烦恼,巧妙地解除心灵的羁绊;人生不要太紧绷,换一种轻松的活法,多倾听生命的声音,多采撷人性的光辉,就能感悟人生的真谛,开启智慧的心灵,我们就能把握美好的生活;人生不要太紧绷,才能让自己过得好一些,才能让生活过得丰富一些。活着就是快乐,活着就要有意义,活着更是一种幸福。

其实，每个人都有失意和烦恼的时候，比如经济窘迫、错失爱情、事业不顺等。面对这些情况，人们往往有两种选择：悲观的人整天长吁短叹，认为生活太残酷，就此萎靡不振，从此人生变得黯淡和闭塞；乐观的人一笑置之，从头开始，坚持不懈，生活也变得越来越精彩。所以，我们没有必要整天在忧伤和苦闷中彷徨，这样的人生有什么意义呢？因此，凡事别紧绷，学会松弛一点去生活，因为每个人都有或多或少的缺陷，世界也是不完美的。

生活有起有落，只有学会放松，才能更好地前行。人生在世，有多少梦想是我们一时无法实现的，有多少目标是我们难以达到的。我们应该以一颗松弛的心态去看待我们的得与失。唯有这样，你才能活出一个全新的自我。

目录
CONTENTS

第一章
做人不必太紧绷，人生小满胜万全

做人不可过于执着 002
有些事不能太较真 004
放掉无谓的固执 006
不要让小事情牵着鼻子走 007
换种思路天地宽 009
下山的也是英雄 011
不做无谓的坚持，要学会转弯 012
苛求他人，等于孤立自己 013
有一种智慧叫"弯曲" 015
条条大路通罗马 016
人生处处有死角，要懂得转弯 018
抛弃经验，跳出常规思维的陷阱 020

第二章
不被物欲裹挟，保持自己的生活节奏

欲望让你的人生烦恼不安 024

欲望是一条看不见的灵魂锁链..................................026

名利不过是生命的尘土......................................028

尘世浮华如过眼云烟..030

最长久的名声也是短暂的....................................032

身外物，不奢恋..034

可以有欲望，但不可有贪欲..................................038

放弃生活中的"第四个面包"..................................039

过多的欲望会蒙蔽你的幸福..................................041

过重的名誉会压断你起飞的翅膀..............................044

给自己的欲望打折..045

远离名利的烈焰，让生命逍遥自由............................046

重新审视自己与物品的关系..................................048

第三章
最舒适的社交方式，就是保持松弛感

不必费心费力去应付无效社交................................052

与其挖空心思经营人脉，不如提升自己........................054

拒绝≠绝交，不喜欢就干脆拒绝..............................057

你还在假装自己很合群吗....................................059

越是讨好别人，人际关系反而越差............................062

总有些人走着走着就散了，那就随他去吧......................063

永远不和烂人纠缠，因为不值得..............................066

这是你的人生，你不欠任何人一个解释........................068

第四章
多点钝感力，别让情绪内耗榨干你

换个角度和想法，你就不生气了 072
放弃喜欢每个人的幻想 074
接纳坏情绪，然后告诉它你不需要它 076
不必过度担忧 078
当你越努力越焦虑，最好的治愈是专注当下 080
试着把烦恼写下来：有针对性地调整现状 083
你放不下的不是对方，而是自己的执念 085

第五章
拿不起时就放下，放弃也要积极 —— 放松的人生不偏执

不要为小事抓狂 090
无路可走时，回头才是岸 092
卸下过去，你就能轻松前行 094
有所不为才能有所为 096
幻想没用，何必再想 098
生活还要继续，莫抓着错误不放手 100
压力不是宝，别老扛着它 102
转换思维就会很简单 104

第六章
做不了第一，就做快乐的第二 —— 保持松弛是一种能力

接受你的缺陷，生命会更精彩 108
不眼红，不攀比，不要自己气自己 110

人生是场长跑，不必老争第一 111
别让嫉妒的毒药，浸染你的心灵 113
何必吃别人的葡萄 115
别去模仿别人，保持你的本色 118

第七章
允许一切发生，岁月自有馈赠

人生没有过不去的坎 122
冬天总会过去，春天迟早会来临 123
错误往往是成功的开始 125
别为了关上的门而痛苦，老天还为你留了一扇窗 127
人生总是从寂寞开始 128
砸烂差的，才能创造更好的 130
不要让自己成为"破窗" 131

第八章
活出属于自己的松弛感，有力量而不紧绷

平常心：淡泊生活的姿态 134
跟着蜗牛去散步 136
克服浮躁心态，内心安定下来 137
专注做事，斩断乱麻 140
走自己的路，让别人去说吧 142
别在成功面前倒下 144
唤回童心，越简单越好 146

第一章
做人不必太紧绷,人生小满胜万全

做人不可过于执着

宋代大文学家苏东坡善作带有禅境的诗，曾写一句："人似秋鸿来有信，事如春梦了无痕。"这两句诗充分地将佛理中的"无常"现象告诉世人。南怀瑾对苏轼这首诗的解释非常有趣："人似秋鸿来有信"，即苏东坡要到乡下去喝酒，去年去了一个地方，答应了今年再来，果然来了；"事如春梦了无痕"，意思是一切的事情过了，像春天的梦一样，人到了春天爱睡觉，睡多了就梦多，梦醒了，梦留不住也无痕迹。

人生本来如大梦，一切事情过去就过去了，如江水东流一去不回头。有些人常回忆，想当年我如何如何……那真是自寻烦恼，因为一切事都是不能回头的，像春梦一样了无痕。

人世的一切事、物都在不断变幻。万物有生有灭，没有瞬间停留，一切皆是"无常"，如同苏轼的一场春梦，繁华过后尽是虚无。如果人们能体会到"事如春梦了无痕"的境界，就不会生出这样那样的烦恼了，也就不会陷入怪圈不能自拔。

现代著名的女作家张爱玲，对繁华的虚无便看得很透。她的小说总是以繁华开场，却以苍凉收尾，正如她自己所说："小时候，因为新年早晨醒晚了，鞭炮已经放过了，就觉得一切的繁华热闹都已经过去，我没份了，就哭了又哭，不肯起来。"

张爱玲生于旧上海名门之后，她的祖父张佩纶是当时的文坛泰斗，外曾祖父是权倾朝野、赫赫有名的李鸿章。凭着对文字的先天敏感和幼年时良好的文化熏陶，张爱玲7岁时就开始了写作生涯，也开始了她特立独行的一生。

优越的生活条件和显赫的身世背景并没有让张爱玲从此置身于繁华富贵之乡，相反，正是这优越的一切让她在幼年便饱尝了父母离异、被继母虐待的痛苦，而这一切，却不为人知地掩藏在繁华的背后。

其实，纸醉金迷只是一具华丽的空壳，在珠光宝气的背后通常是人性的沉沦。沉迷于荣华富贵的人通常是肤浅的人，在繁华落尽时他会备受煎熬。转头再看，执着于尘俗的快乐，执着于对事物的追求，往往最受连累的就是自己，因为你通常会发现，你所执着的事物其实并不有趣，而且有时会令你一无所得。

赵州禅师是禅宗史上有名的大师，他对执着也有很精彩的解释。一次，众僧们请赵州禅师住持观音院。某天，赵州禅师上堂说法："比如明珠握在手里，黑来显黑，白来显白。我老僧把一根草当作佛的丈六金身来使，把佛的丈六金身当作一根草来用。菩提就是烦恼，烦恼就是菩提。"有僧人问："不知菩提是哪一家的烦恼？"赵州禅师答："菩提和一切人的烦恼分不开。"又问："怎样才能避免？"赵州禅师说："避免它干什么？"

又有一次，一个女尼问赵州禅师："佛门最秘密的意旨是什么？"赵州禅师就用手掐了她一下，说："就是这个。"女尼道："没想到您心中还有这个？"赵州禅师说："不！是你心中还有这个！"

赵州禅师的话语给我们以足够的启示。人为什么放不下种种欲望？为什么追求种种虚华？就因为他们还没有看清事物的表象，心存欲念，执着不忘。

真正的虚空是没有穷尽的，它也没有分断昨天、今天、明天，也没有分断过去、现在、未来，永远是这么一个虚空。天黑又天亮，昨天、今天、明天是现象的变化，与这个虚空本身没有关系。天亮了把黑暗盖住，天黑了又把光明盖住，互相更替。

有些事不能太较真

有一句著名的话叫作"唯大英雄能本色",做人在总体上、大方向上讲原则,讲规矩,但也不排除在特定的条件下灵活变通。

人们常说:"凡事不能太较真。"一件事情是否该认真,这要视场合而定。钻研学问要讲究认真,面对大是大非的问题更要讲究认真。而对于一些无关大局的琐事,不必太认真。不看对象、不分地点的认真,往往使自己处于尴尬的境地,处处被动受阻。每当这时,如果能理智地后退一步,往往能化险为夷。

"海纳百川,有容乃大。"与人相处,你敬我一尺,我敬你一丈;有一分退让,就有一分收益。相反,存一分骄躁,就多一分挫败;占一分便宜,就招一次灾祸。

当你心胸开朗、神情自若的时候,看到那种蝇营狗苟、一副小家子气的人,就会觉得他的表演实在可笑。但是,凡人都有自尊心,有的人自尊心特别强烈和敏感,因而也就特别脆弱,稍有刺激就有反应,轻则板起脸孔,重则马上还击,结果常常是为了争面子反而没面子。多一点儿宽容退让之心,我们的路就会越走越宽,朋友也就越交越多了,生活也会更加甜美。所以,要想成为一个成功的人,我们千万不能处处斤斤计较。许多非原则性的事情不必过分纠缠计较,凡事都较真常会得罪人,也是给自己多设置了一条障碍。鸡毛蒜皮的烦琐无须认真,无关大局的枝节无须认真,剑拔弩张的僵持则更不能认真。

为了有效避免不必要的争论和较真,我们大致可以从以下几个方面做起:

1. 欢迎不同的意见

当你与别人的意见始终不能统一的时候,这时就要求舍弃其中之一。

人的脑力是有限的，有些方面不可能完全想到，因而别人的意见是从另外一个人的角度提出的，总有些可取之处，或者比自己的更好。这时你就应该冷静地思考，或两者互补，或择其善者。如果采取的是别人的意见，就应该衷心感谢对方，因为有可能此意见使你避开了一个重大的错误，甚至奠定了你一生成功的基础。

2. 不要相信直觉

每个人都不愿意听到与自己不同的声音。当别人提出与你不同的意见时，你的第一反应是要自卫，为自己的意见进行辩护并竭力去寻找根据，这完全没有必要。这时你要平心静气、公平谨慎地对待两种观点（包括你自己的），并时刻提防你的直觉（自卫意识）影响你作出正确的抉择。值得一提的是，有的人脾气不好，听不得反对意见，一听见就会暴躁起来。这时就应控制自己的脾气，让别人陈述观点，不然，就未免气量太小了。

3. 耐心把话听完

每次对方提出一个不同的观点，不能只听一点就开始发作，要让别人有说话的机会。一是尊重对方，二是让自己更多地了解对方的观点，以判断此观点是否可取，努力建立了解的桥梁，使双方都完全知道对方的意思，不要弄巧成拙。否则的话，只会增加彼此沟通的障碍和困难，加深双方的误解。

4. 仔细考虑反对者的意见

在听完对方的话后，首先想的就是去找你同意的意见，看是否有相同之处。如果对方提出的观点是正确的，则应放弃自己的观点，而考虑采取他人的意见。一味地坚持己见，只会使自己处于尴尬境地。

5. 真诚对待他人

如果对方的观点是正确的，就应该积极地采纳，并主动指出自己观点的不足和错误的地方。这样做，有助于解除反对者的"武装"，减少他们的防卫，同时也缓和了气氛。

放掉无谓的固执

马祖道一禅师是南岳怀让禅师的弟子。他出家之前曾随父亲学做簸箕，后来父亲觉得这个行当太没出息，于是把儿子送到怀让禅师那里去学习禅道。在般若寺修行期间，马祖整天盘腿静坐，冥思苦想，希望有一天能够修成正果。

有一次，怀让禅师路过禅房，看见马祖坐在那里，神情专注，便上前问道："你在这里做什么？"马祖答道："我在参禅打坐，这样才能修炼成佛。"怀让禅师静静地听着，没说什么就走开了。第二天早上，马祖吃完斋饭准备回到禅房继续打坐，忽然看见怀让禅师神情专注地坐在井边的石头上磨些什么，他便走过去问道："禅师，您在做什么呀？"怀让禅师答道："我在磨砖呀。"马祖又问："磨砖做什么？"怀让禅师说："我想把它磨成一面镜子。"马祖一愣，道："这怎么可能呢？砖本身就不能反光，即使你磨得再平，它也不会成为镜子的，你不要在这上面浪费时间了。"怀让禅师说："砖不能磨成镜子，那么静坐又怎么能够成佛呢？"马祖顿时开悟："弟子愚昧，请师父明示。"怀让禅师说："譬如马在拉车，如果车不走了，你使用鞭子打车，还是打马？参禅打坐也一样，天天坐禅，能够坐地成佛吗？"

马祖一心执着于坐禅，所以始终得不到解脱，只有摆脱这种执着，才能有所进步。成佛并非执着索求或者静坐念经就可以，必须要身体力行才能有所进步。一开始终日冥思苦想着成佛的马祖，在求佛之时，已经渐渐沦入歧途，偏离了参禅学佛的本意。马祖未能明白成佛的道理，就像他没有明白自己的本心一样，他不了解自己的内心如何与佛同在，所以他犯了

"执"的错误。

百丈禅师每次说法的时候,都有一位老人跟随大众听法,众人离开,老人亦离开。忽然有一天老人没有离开,于是百丈禅师问:"面前站立的又是什么人?"老人云:"我不是人啊。在过去迦叶佛时代,我曾住持此山,因有位云游僧人问:'大修行的人还会落入因果吗?'我回答说:'不落因果。'就因为回答错了,我被罚变为狐狸身而轮回五百世。现在请和尚代转一语,为我脱离野狐身。"老人接着问:"大修行的人还落因果吗?"百丈禅师答:"不昧因果。"老人大悟,作礼说:"我已脱离野狐身了,住在山后,请按和尚礼仪葬我。"百丈禅师真的在后山洞穴中,找到一只野狐的尸体,便依礼火葬。

这就是著名的"野狐禅"的故事,那个人为什么被罚变身狐狸并轮回五百世呢?就是因为他执着于因果,所以不得解脱。执着就像一个魔咒,令人心想挂念,不能自拔,最后常令人不得其果,操劳心神,反而迷失了对人生、对自身的真正认识。修佛也好,参禅也好,在认识和理解禅佛之前,修行者必须要先认识自己的本身,然后发乎情地做事,渐渐理解禅佛之意。如果执着于认识禅佛之道,最后连本身都不顾了,这就是本末倒置的做法。就像一个人做事之前,必须要理解自身所长,才能更有侧重地努力。如果只看到事物的好处而忽略了自身能力,又怎么可能将事情做好呢?这便是寻明心、安身心的魅力所在。

不要让小事情牵着鼻子走

一个理智的人,必定能控制住自己所有的情绪与行为,不会为一点儿小事抓狂。当你在镜子前仔细地审视自己时,你会发现自己既是你最好的朋友,也是你最大的敌人。

上班时堵车堵得厉害，交通指挥灯仍然亮着红灯，而时间很紧，你烦躁地看着手表的秒针。终于亮起了绿灯，可是你前面的车子迟迟不开动，因为开车的人思想不集中，你愤怒地按响了喇叭，那个似乎在打瞌睡的人终于惊醒了，仓促地挂上了一挡，而你却在几秒钟里把自己置于紧张而不愉快的情绪之中。

美国研究应激反应的专家理查德·卡尔森说："我们的恼怒有80%是自己造成的。"这位加利福尼亚人在讨论会上教人们如何不生气。卡尔森把防止激动的方法归结为这样的话："请冷静下来！要承认生活是不公正的，任何人都不是完美的，任何事情都不会按计划进行。"

"应激反应"这个词从20世纪50年代起才被医务人员用来说明身体和精神对极端刺激（噪音、时间压力和冲突）的防卫反应。

现在研究人员知道，应激反应是在头脑中产生的。即使是非常轻微的恼怒情绪中，大脑也会命令分泌出更多的应激激素。这时呼吸道扩张，使大脑、心脏和肌肉系统吸入更多的氧气，血管扩大，心脏加快跳动，血糖水平升高。

埃森医学心理学研究所所长曼弗雷德·舍德洛夫斯基说："短时间的应激反应是无害的。"他说，"使人受到压力是长时间的应激反应。"他的研究结果表明：61%的德国人感到在工作中不能胜任；有30%的人因为觉得不能处理好工作和家庭的关系而有压力；20%的人抱怨同上级关系紧张；16%的人说在路途中精神紧张。

理查德·卡尔森的一条黄金规则是："不要让小事情牵着鼻子走。"他说："要冷静，要理解别人。"他的建议是：表现出感激之情，别人会感觉到高兴，你的自我感觉会更好。

学会倾听别人的意见，这样不仅会使你的生活更加有意思，而且别人也会更喜欢你；每天至少对一个人说，你为什么赏识他，不要试图把一切都弄得滴水不漏。不要顽固地坚持自己的权利，这会花费许多不必要的精力。不要老是纠正别人，常给陌生人一个微笑，不要打断别人的讲话，不要让别人为你的不顺利负责。要接受事情不成功的事实，天不会因此而塌下来；请忘记事事都必须完美的想法，你自己也不是完美的。这样生活会突然变得轻松许多。当你抑制不住自己的情绪时，你要学会问自己：一年前抓狂时的事情到现在来看还是那么重要吗？不为小事抓狂，你就可以对许多事情得出正确的看法。

现在，把你曾经为一些小事抓狂的经历写在这里，然后把你现在对这些事的看法也写下来，对比之下，相信你会有更深的认识。

换种思路天地宽

有位老婆婆有两个儿子，大儿子卖伞，小儿子卖扇。雨天，她担心小儿子的扇子卖不出去；晴天，她担心大儿子的生意难做，终日愁眉不展。

一天，她向一位路过的僧人说起此事，僧人哈哈一笑："老人家你不如这样想：雨天，大儿子的伞会卖得不错；晴天，小儿子的生意自然很好。"

老婆婆听了，破涕为笑。

悲观与乐观，其实就在一念之间。

世界上什么人最快乐呢？犹太人认为，世界上卖豆子的人应该是最快乐的，因为他们永远也不用担心豆子卖不完。

假如他们的豆子卖不完，可以拿回家去磨成豆浆，再拿出来卖给行人；如果豆浆卖不完，可以制成豆腐；豆腐卖不成，变硬了，就当作豆腐干来卖；而豆腐干卖不出去的话，就把这些豆腐干腌起来，变成腐乳。

还有一种选择是：卖豆人把卖不出去的豆子拿回家，加上水让豆子发芽，几天后就可改卖豆芽；豆芽如果卖不动，就让它长大些，变成豆苗；

如果豆苗还是卖不动，再让它长大些，移植到花盆里，当作盆景来卖；如果盆景卖不出去，那么再把它移植到泥土中去，让它生长。几个月后，它结出了许多新豆子。一颗豆子现在变成了上百颗豆子，想想那是多么划算的事！

一颗豆子在遭遇冷落的时候，可以有无数种精彩选择。人更是如此，当你遭受挫折的时候，千万不要丧失信心，稍加变通，再接再厉，就会有美好的前途。

条条大路通罗马，不同的只是沿途的风景，而在每一种风景中，我们都可以发现独一无二的精彩。

有一位失败者非常消沉，他经常唉声叹气，很难调整好自己的心态，因为他始终难以走出自己心灵的阴影。他总是一个人待着，脾气也慢慢变得暴躁起来。他没有跟其他人进行交流，更没有把过去的失败统统忘掉，而是全部锁在心里。他并没有尝试着去寻找失败的原因，因此，虽然始终把失败揣在心里，却没有真正吸取失败的教训。

后来，失败者终于打算去咨询一下别人，希望能够帮自己摆脱困境。于是，他决定去拜访一名成功者，从他那里学习一些方法和经验。

他和成功者约好在一座大厦的大厅见面，当他来到那个地方时，眼前是一扇漂亮的旋转门。他轻轻一推，门就旋转起来，慢慢将他送了进去。刚站稳脚步，他就看到成功者已经在那里等候自己了。

"见到你很高兴，今天我来这里主要是向你学习成功的经验。你能告诉我成功有什么窍门吗？"失败者虔诚地问。

成功者突然笑了起来，用手指着他身后的门说："也没有什么窍门，其实你可以在这里寻找答案，那就是你身后的这扇门。"

失败者回过头去看，只见刚才带他进来的那扇门正慢慢地旋转着，把外面的人带进来，把里面的人送出去。两边的人都顺着同一个方向进进出出,谁也不影响谁。

"就是这样一扇门,可以把旧的东西放出去,把新的东西迎进来。我相信你也可以做得到,而且你会做得更好!"成功者鼓励他说。

失败者听了他的话,也笑了起来。

失败者与成功者的最大区别是心态的不同。失败者的心态是消极的,结果终日沉湎于失败的往事,被痛苦的阴影笼罩,无法解脱;而成功者的心态是开放的、积极的,能从一扇门领悟到成功的哲理,从而取得更大的成就。

心随境转,必然为境所累;境随心转,红尘闹市中也有安静的书桌。人生像是一张白纸,色彩由每个人自己选择;人生又像是一杯白开水,放入茶叶则苦,放入蜂蜜则甜,一切都在自己的掌握中。

下山的也是英雄

人们习惯于对爬上高山之巅的人顶礼膜拜,把高山之巅的人看作是偶像、英雄,却很少将目光投放在下山的人身上。这是人之常理,但是实际上,能够及时主动地从"上山"光环中隐退的下山者也是"英雄"。

有多少人把"隐退"当成"失败"。曾经有过非常多的例子显示,对于那些惯于享受欢呼与掌声的人而言,一旦从高空中掉落下来,就像是艺人失掉了舞台,将军失掉了战场,往往因为一时难以适应,而自陷于绝望的谷底。

心理专家分析,一个人若是能在适当的时间选择做短暂的隐退(不论是自愿还是被迫),都是一个很好的转机,因为它能让你留出时间观察和思考,使你在独处的时候找到自己内在真正的世界。

唯有离开自己当主角的舞台,才能防止自我膨胀。虽然,失去掌声令人惋惜，但换一种思维看问题，心理专家认为，"隐退"就是进行深层学习。一方面挖掘自己的阴影，一方面重新上发条，平衡日后的生活。当你志得意满的时候，是很难想象没有掌声的日子的。但如果你要一辈子获得持久的掌声，就要懂得享受"隐退"。

事实上，"隐退"很可能只是转移阵地，或者是为了下一场战役储备新的能量。但是，很多人认不清这点，反而一直缅怀着过去的光荣，他们始终难以忘情"我曾经如何如何"，不甘于从此做个默默无闻的小人物。走下山来，你同样可以创造辉煌，同样是个大英雄！

不做无谓的坚持，要学会转弯

生活中很多再平常不过的事情中其实都有禅理，只是疲于奔波的众生早已丧失了于细微处探究竟的兴趣和能力。佛家所言，其实今天的我们已经不再是昨天的我们，为了在今天取得进步、重建自我就必须放下昨天的自己；为了迎接新兴的，就必须放下旧有的。想要喝到芳香醇郁的美酒就得放下手中的咖啡，想要领略大自然的秀美风光就要离开喧嚣热闹的都市，想要获得如阳光般明媚开朗的心情就要驱散昨日烦恼留下的阴霾。

放得下是为了包容与进步，放下对个人意见的执着才能包容，放下对昨日旧念的执着才会进步。表面看来，放下似乎意味着失去，意味着后退，其实在很多情况下，退步本身就是在前进，是一种低调的积蓄。

佛陀在世时，受到世人敬仰与称赞。有一个人对此颇为不服，终日咒骂。有一天，这个人索性跑到了佛陀面前，当着他的面破口大骂。但是，无论他的言语多么不堪入耳，佛陀始终沉默相对，甚至面带微笑。终于，这个人骂累了。他既暴躁又不解，不知道佛陀为何不开口说话。佛陀似乎看到了他心中的困惑，对他说："假如有人想送给你一件礼物，而你不喜欢，也并不想接受,那么这件礼物现在是属于谁的呢?"这个人不明白佛陀的意思,略一思量,回答道:"当然还是要送礼物的这个人的了。"佛陀笑着点头,继续问他:"刚才你一直在用恶毒的语言咒骂我,假如我不接受你的这些赠言,那么,这些话是属于谁的呢?"他一时语塞,方才醒悟到自己的错误,于是他低下头,诚恳地向佛陀道歉,并为自己的无礼而忏悔。

退一步海阔天空并非一句空话,佛陀并未因为他人对自己的无礼而气愤,反而沉默相对,似乎在步步后退,当这个人心生困惑时甚至耐心地予以开释。他人步步紧逼,而佛陀却始终淡然处之。有退有进,以退为进,绕指柔化百炼钢,也是人生的大境界。

苛求他人,等于孤立自己

每个人都有可取的一面,也有不足的地方。与人相处,如果总是苛求十全十美,那么永远也交不到真心的朋友。在这一点上,曾国藩早就有了自己的见解,他曾经说过:"盖天下无无暇之才,无隙之交。大过改之,微暇涵之,则可。"意思是说,天下没有一点儿缺点也没有的人,没有一点儿隔阂也没有的朋友。有了大的错误,要能够改正,剩下小的缺陷,人们给予包容,就可以了。为此,曾国藩总是能够宽容别人,谅解别人。

当年,曾国藩在长沙读书,有一位同学性情暴躁,对人很不友善。因为曾国藩的书桌是靠近窗户的,他就说:"教室里的光线都是从窗户射进来的,你的桌子放在了窗前,把光线挡住了,这让我们怎么读书?"他命令曾国藩把桌子搬开。曾国藩也不与他争辩,搬着书桌就去了角落里。曾国藩喜欢夜读,每每到了深夜,还在用功。那位同学又看不惯了:"这么晚了还不睡觉,打扰别人的休息,别人第二天怎么上课啊?"曾国藩听了,不敢大声朗诵了,只在心里默读。一段时间之后,曾国藩中了举人,那人听了,就说:"他把桌子搬到了角落,也把原本属于我的风水带去了角落,他是沾了我的光才考中举人的。"别人听他这么一说,都为曾国藩鸣不平,觉得那个同学欺人太甚。可是曾国藩毫不在意,还安慰别人说:"他就是那样子的人,就让他说吧,我们不要与他计较。"

凡成大事者,都有广阔的胸襟。他们在与别人相处的时候,不会计较别人的短处,而是以一颗平常心看待别人的长处,从中看到别人的优点,弥补自己的不足。如果眼睛只能看到别人的短处,那么这个人的眼里就只有不好和缺陷,而看不到别人美好的一面。生活中,每个人都可能会跟别人发生矛盾,如果一味地跟别人计较,就可能浪费自己很多精力。与其把自己的时间浪费在一些鸡毛蒜皮的小事上,不如放开胸怀,给别人一次机会,也可以让自己有更多的精力去做更多有意义的事情。

一位在山中茅屋修行的禅师,有一天趁月色到林中散步,在皎洁的月光下,突然开悟。他喜悦地走回住处,看到自己的茅屋有小偷光顾。找不到任何财物的小偷要离开的时候在门口遇见了禅师。原来,禅师怕惊动小偷,一直站在门口等待。他知道小偷一定找不到任何值钱的东西,就把自己的外衣脱掉拿在手上。小偷遇见禅师,正感到惊愕的时候,禅师说:"你走那么远的山路来探望我,总不能让你空手而回呀!夜凉了,你带着这件衣服走吧!"说着,就把衣服披在小偷身上,小偷不知所措,低着头溜走了。禅师看着小偷的背影穿过明亮的月光消失在山林之中,不禁感慨地说:"可怜的人呀!但愿我能送一轮明月给他。"禅师目送小偷走了以后,回到茅屋赤身打坐,他看着窗外的明月,进入空境。第二天,他睁开眼睛,看到他披在小偷身上的外衣被整齐地叠好,放在了门口。禅师非常高兴,喃喃地说:"我终于送了他一轮明月!"

面对盗贼,禅师既没有责骂,也没有告官,而是以宽容的心原谅了他,禅师的宽容和原谅终于换得了小偷的醒悟。可见,有时候宽容比强硬的反抗更具有感召力。有时，我们与别人发生矛盾时，总想着与别人争出高低来，但是往往因为说话的态度不好，使得两个人吵起来，甚至大打出手。其实，牙齿哪有不碰到舌头的，很多事情忍耐一下，也就过去了。有些矛盾的产生，别人也不一定是故意的，我们给予他包容，他可能会主动认识到错误，这样做也给自己减少了很多麻烦。

有一种智慧叫"弯曲"

人生之旅，坎坷颇多，难免直面矮檐，遭遇逼仄。

弯曲，是一种人生智慧。在生命不堪重负之时，适时适度地低一下头，弯一下腰，抖落多余的负担，才能够走出屋檐而步入华堂，避开逼仄而迈向辽阔。

孟买佛学院是印度最著名的佛学院之一，这所佛学院的特点是建院历史悠久，培养出了许多著名的学者。还有一个特点是其他佛学院所没有的，这是一个极其微小的细节。但是，所有进入过这里的学员，当他们再出来的时候，无一例外地承认，正是这个细节使他们顿悟，正是这个细节让他们受益无穷。孟买佛学院在它正门的一侧，又开了一个小门，这个门非常小，一个成年人要想过去必须弯腰侧身，否则就会碰壁。

其实，这就是孟买佛学院给学生上的第一堂课。所有新来的人，老师都会引导他到这个小门旁，让他进出一次。很显然，所有的人都是弯腰侧身进出的，尽管有失礼仪和风度，却达到了目的。老师说，大门虽然能够让一个人很体面很有风度地出入，但很多时候，人们要出入的地方，并不是都有方便的大门，或者，即使有大门也不是可以随便出入的。这时，只有学会了弯腰和侧身的人，只有暂时放下面子和虚荣的人，才能够出入。否则，你就只能被挡在院墙之外。

孟买佛学院的老师告诉他们的学生，佛家的哲学就在这个小门里。

其实，人生的哲学何尝不在这个小门里。人生之路，尤其是通向成功的路上，几乎是没有宽阔的大门的，所有的门都需要弯腰侧身才可以进去。因此，在必要时，我们要能够学会弯曲，弯下自己的腰，才可得到生活的通行证。

人生之路不可能一帆风顺，难免会有风起浪涌的时候，如果迎面与之搏击，就可能会船毁人亡，此时何不退一步，先给自己一个海阔天空，然后再图伸展。

为人处世，参透屈伸之道，自能进退得宜，刚柔并济，无往不利。能屈能伸，屈是能量的积聚，伸是积聚后的释放；屈是伸的准备和积蓄，伸是屈的志向和目的。屈是手段，伸是目的。屈是充实自己，伸是展示自己。屈是柔，伸是刚。屈是一种气度，伸更是一种魄力。伸后能屈，需要大智；屈后能伸，需要大勇。屈有多种，并非都是胯下之辱；伸亦多样，并不一定叱咤风云。屈中有伸，伸时念屈；屈伸有度，刚柔并济。

人生有起有伏，当能屈能伸。起，就起他个直上云霄；伏，就伏他个如龙在渊；屈，就屈他个不露痕迹；伸，就伸他个清澈见底。这是多么奇妙、痛快、潇洒的情境啊！

条条大路通罗马

鲁迅曾说："其实世上本没有路，走的人多了，也便成了路。"生活中，只会盲从他人，不懂得另辟蹊径者，将很难赢取属于自己的成功和荣耀。

其实，不一定非要拘泥于有没有人走过那条路。人生的道路本来就有千条万条，条条大路都能通向"罗马"，每条路都是我们的选择之一。所以一旦这条路行不通，不要犹豫，立即换一条路，即使这条道上行人稀少、环境恶劣，但这往往就是通向成功宝殿的大门。行行出状元，在无力接受某一课程时，千万不要强求自己，否则只会越来越糟，耽误时间不说，还误了美好前程。

一位叫王丽的姑娘，长得端庄、秀丽，她表姐是外企职工，收入颇高，工作环境也很好，她对王丽的影响很大。王丽也想走进这个阶层，像表姐一样找到外企的工作，过上优越的生活。无奈她的外语水平太差，单词总是记不住，语法也总是弄不懂。马上要面临高考了，她想报考外语专业，可越着急越学不好。她整天想着白领阶层的生活，不知不觉便沉浸其中。

她将所有时间都押在外语上了，其他科目全部放弃。由于只有一条路，她更担心一旦考不上外语系，那就全完了。整天就想着考上以后的生活，考不上又怎么办，而全无心思专心学习。

人生的很多时候都是这样的，当你专注于一条路，往往就会忽略其他的选择。而如果你选择的那条路不是自己擅长走的，那么心理上的压力会让你变得更加茫然，更加找不到方向，你可能因此而进入了一种选择上的误区。

虽然"白日梦"是青春期常见的心理现象，但整天沉醉于其中的人，往往是那些对现状不满意又无力改变的人。因为"白日梦"可以使人暂时忘记不如意的现实，摆脱某些烦恼，在幻想中满足自己被人尊敬、被人喜爱的需要，在"梦"中，"丑小鸭"变成了"白天鹅"。做美好的梦，对智者来说是一生的动力，他们会由此梦出发，立即行动，全力以赴朝着这个美梦发展，而一步步使梦想成真；但对于弱者来说，"白日梦"不啻一个陷阱，他们在此处滑下深渊，无力自拔。

如何走出深渊呢？首先，要有勇气正视不如意的现实，并学会管理自己。这里教给你一个简单而有效的方法，就是给自己制定时间表。先画一张周计划表，把第一天至少分为上午、下午和晚上三格，然后把你在这一周中需要做的事统统写下来，再按轻重缓急排列一下，把它们填到表格里。每做完一件事情，就把它从表上划掉。到了周末总结一下，看看哪些计划完成了，哪些计划没有完成。这种时间表对整天不知道怎么过的人有独特的作用，因为当你发现有很多事情等着做，而且，当你做完一件事有一种踏实的感觉时，就比较容易把幻想变为行动了。你用做事挤走了幻想，并在做事中重塑了自己，增强了自信。其实要有敢于放弃的勇气和决心，梦是美好的，但毕竟是梦，与其在美梦中遐想，不如另辟他途，走出一条适合自己的路，所以该放弃就放弃，千万不要有丝毫的犹豫和留恋，并迅速踏上另一条通向"罗马"的旅途。

人生处处有死角，要懂得转弯

任何事物的发展都不是一条直线，聪明人能看到直中之曲和曲中之直，并不失时机地把握事物迂回发展的规律，通过迂回应变，达到既定的目标。

顺治元年（1644年），清王朝迁都北京以后，摄政王多尔衮便着手进行武力统一全国的战略部署。当时的军事形势是：农民军李自成部和张献忠部共有兵力四十余万；刚建立起来的南明弘光政权，汇集江淮以南各镇兵力，也不下五十万人，并雄踞长江天险；而清军不过二十万人。如果在辽阔的中原腹地同诸多对手作战，清军兵力明显不足。况且迁都之初，人心不稳，弄不好会造成顾此失彼的局面。

多尔衮审时度势，机智灵活地采取了以迂为直的策略，先怀柔南明政权，集中力量攻击农民军。南明当局果然放松了对清的警惕，不但不再抵抗清兵，反而派使臣携带大量金银财物，到北京与清廷谈判，向清求和。这样一来，多尔衮在政治上、军事上都取得了主动地位。顺治元年七月，多尔衮对农民军的进攻取得了很大进展，后方亦趋稳固。此时，多尔衮认为最后消灭明朝的时机已经到来，于是，发起了对南明的进攻。当清军在南方的高压政策和暴行受阻时，多尔衮又施以迂直之术，派明朝降将、汉人大学士洪承畴招抚江南。顺治五年，多尔衮以他的谋略和气魄，基本上完成了清朝在全国的统治。

迂回的策略，需要讲究迂回的手段。特别是在与强劲的对手交锋时，迂回的手段高明、精到与否，往往是能否在较短的时间内由被动转为主动的关键。

美国当代著名企业家李·艾柯卡在担任克莱斯勒汽车公司总裁时，为了争取到10亿美元的国家贷款来解公司之困，他在正面进攻的同时，采用了迂回包抄的办法。一方面，他向政府提出了一个现实的问题，即如果克莱斯勒公司破产，将有60万左右的人失业，第一年政府就要为这些人支出27亿美元的失业保险金和社会福利开销，政府到底是愿意支出这27亿呢，还是愿意借出10亿极有可能收回的贷款？另一方面，对那些可能投反对票的国会议员们，艾柯卡吩咐手下为每个议员开列一份清单，单上列出该议员所在选区所有同克莱斯勒有经济往来的代销商、供应商的名字，并附有一份万一克莱斯勒公司倒闭，将在其选区产生的经济后果的分析报告，以此暗示议员们，若他们投反对票，因克莱斯勒公司倒闭而失业的选民将怨恨他们，由此也将危及他们的议员席位。

这一招果然很灵，一些原先激烈反对向克莱斯勒公司贷款的议员们不再说话了。最后，国会通过了由政府支持克莱斯勒公司15亿美元的提案，比原来要求的多了5亿美元。

俗话说："变则通，通则久。"所以在经历一些暂时没有办法解决的事情面前，我们应该学着变通，不能死钻牛角尖，此路不通就换条路。有更好的机会就赶快抓住，不能一条路走到黑。生活不是一成不变的，有时候我们转过身，就会突然发现，原来我们的身后也藏着机遇，只是当时的我们赶路太急，把那些美好的事物给忽略掉了。

抛弃经验，跳出常规思维的陷阱

你是否一直在遵循着习惯的套路工作？是否一直在用同样的模式思考？你又是否特意在网上查过一件事情最快捷的处理方式？我们为了保险起见，总在经验和成规的背后亦步亦趋。

我们运用成熟的思维模式，的确可以保证处事时不失误，但同时，这也会让你止步不前，失去创造力，还会让工作变得乏味，事业前途渐渐狭窄。

有时候，习惯的这条路，方便有效，但不一定最优、最适合你，最能激发你。同时，经验在一定范围里可以成就你，但从更高的角度看，它也会限制你，甚至毁灭你。因为经验有局限性，而且分时间场合。

那些真正厉害，或总是一鸣惊人的人，往往不遵循常规，不按常理出牌。不按常理出牌的人总是能打破常规，甚至和别人的想法背道而驰，在让人觉得不可思议的同时，更佩服其别致的思维模式。

在上海寿宁路的夜市里，有这样一对摆地摊的姐妹。每次摆摊的时候，她们用折叠式衣架一次性摆出上百件衣裳。奇怪的是，这些衣裳每一样都只有一件，有人试过衣裳之后，表示有意要买。她们会说："这里的衣裳只有这一件，不卖，我们有实体店也有网店，货都在店里，咱们可以加个微信，你把这款衣裳的编号以及你的尺码、地址发我，明天我发同城快递给你，在网上下单还有优惠，货到付款就行。"这对姐妹靠着这样的方式卖货，旺季的时候每天都能卖出上百件衣裳。

面对问题，我们的本能反应都是依照经验去解决，看似没有风险的背后其实风险最大。优秀的人总能迅速做出经验之外的反应，求异发散思维反而能迅速找到问题的出口。

法国心理学家爱德华·德·波诺曾提出，人类有两种极其相异的思维模式：垂直思考和水平思考。

垂直思考指收敛地进行思考，把许多想法都集中在一个点上，强调逻辑。水平思考指发散地思考，从问题出发，自由联想，不受界限和逻辑的限制。例如我们在观察一块砖的用途时，用垂直思考，我们只会想到这块砖可以用来盖房，用水平思考，我们则会想到，这块砖垫在脚下可以增高，摔碎了可以用来写字，还可以用来当教学用具，等等。

运用垂直思考我们往往会陷入思维惯性，不易创新，但运用水平思考，可以让思考获得自由，变得流畅，进而突破传统思维，产生大量的创意。

美国著名的组织社会心理学家卡尔·维克曾做过这样一个有意思的实验。他把一只蜜蜂和一只苍蝇分别放进两个玻璃瓶中，然后把玻璃瓶放平，瓶底朝着窗外明亮的阳光。随后卡尔·维克打开了瓶子盖。谁会最先从瓶子里逃出来呢？

通过实验研究发现，苍蝇没过两分钟，便从瓶口逃了出来，而蜜蜂，则一直朝着瓶底的阳光横冲直撞，最后力竭而亡。蜜蜂根据自身经验，认为最明亮的地方必定是出口，所以它一直在瓶底周旋，苍蝇忽略了逻辑，四下乱飞。从行为本身来说，蜜蜂是垂直思维，苍蝇是水平思维。蜜蜂更加有逻辑，智力上较苍蝇更高一筹，但因为故步自封、没有随机应变而不幸身亡。

在总结经验的时候，卡尔·维克认为，面对世界的复杂和多变，我们不应该仅仅依赖教条式的经验，我们更需要即兴发挥、冒险和不断尝试，而水平思考正是这种智慧。

具体来说，最为常用的水平思考方式是逆向思维。逆向思维有一个突出的特点就是反传统、反定势，强调推新出奇，虽然往往出乎意料，却一定在情理之中。

逆向思维常用的形式有四种。其一，程序逆向，指颠倒事物已有的排列顺序或位置。例如田忌赛马。其二，观念逆向，从与事情固有观念相反的方向思考。例如遇到坏的事情时，往更坏更糟糕的方向想一下，坏事便会变成好事。其三，功能逆向，从事物现有的功能进行反向思考。例如风会助长火势，但有的人发现，在火势较小的时候，风可以降低温度，还能将空气吹得稀薄，于是发明了风力灭火器。其四，原理逆向，从与事物原理相反的方向思考。例如伽利略在做实验的时候发现，水的体积会随着温度的变化而变化，于是他反过来想到，这也说明了通过水的体积变化，可以看出温度的变化，于是发明了最早的温度计。

人们总是习惯用常规思维来思考问题，其实这背后的隐藏逻辑就是人们更倾向于用习惯来解决问题。当人们的习惯经验可以解决当前遇到的大部分问题时，很多人就懒得再去费心费力寻找其他路径和方法。

当人们的思维开始自动选择偷懒模式，其实就是他的思维模式开始固化了。这时候我们就要提醒自己，不要陷入常规思维的陷阱。人们还会遇到很多问题，只有你的思维模式多样化，才能更好地解决很多突如其来的问题。

我们要有意识地训练自己，不要只寻求正确的答案，而是不断从新的角度寻求解题方式，以批判的眼光看待一切既成的经验，不断反观，不断从侧面看现状，不断把资源与信息重组。

打破常规思维，从本质上来说就是要我们跳出舒适区，去寻找更多可能性。

第二章
不被物欲裹挟，保持自己的生活节奏

欲望让你的人生烦恼不安

我们接受教育和训练的目的是什么呢？难道是为了得到别人口头上的称赞吗？当然不是，其实在这个世界上真正值得尊重的事情并不是那种无价值的所谓名声，而是根据自身恰当的结构推动自己，即使自己不屈服于身体的引诱，不被感官压倒，只做自己应该做的事情，而不追求其他多余的东西，即不产生任何欲望。

有人问智者："白云自在时如何？"智者答："争似春风处处闲！"

那天边的白云什么时候才能逍遥自在呢？当它像那轻柔的春风一样，内心充满闲适，本性处于安静的状态，没有任何的非分追求和物质欲望，放下了世间的一切，它就能逍遥自在了。

保持自己的理性，放下世间的一切假象，不为虚妄所动，不为功名利禄所诱惑，一个人才能体会到自己的真正本性，看清本来的自己。否则，我们只能使自己的心灵处在一种烦恼不安的状态之中。

县城老街上有一家铁匠铺，铺子里住着一位老铁匠。时代不同了，如今已经没人再需要他打制的铁器，所以，现在他的铺子改卖拴小狗的链子。

他的经营方式非常古老和传统。人坐在门内，货物摆在门外，不吆喝，不还价，晚上也不收摊。你无论什么时候从这儿经过，都会看到他在竹椅上躺着，微闭着眼，手里是一只半导体收音机，旁边有一把紫砂壶。

当然，他的生意也没有好坏之说。每天的收入正好够他喝茶和吃饭。他老了，已不再需要多余的东西，因此他非常满足。

一天，一个文物商人从老街上经过，偶然间看到老铁匠身旁的那把紫砂壶，因为那把壶古朴雅致，紫黑如墨，有名家风格。他走过去，顺手端起那把壶。壶嘴内有一记印章，果然是名家手笔。商人惊喜不已。商人端着那把壶，想以 10 万元的价格买下它，当他说出这个数字时，老铁匠先是一惊，然后很干脆地拒绝了，因为这把壶是他爷爷留下的，他们祖孙三代打铁时都喝这把壶里的水。

虽然壶没卖，但商人走后，老铁匠有生以来第一次失眠了。这把壶他用了近 60 年，并且一直以为是把普普通通的壶，现在竟有人要以 10 万元的价钱买下它，他转不过神来。

过去他躺在椅子上喝水，都是闭着眼睛把壶放在小桌上，现在他总要坐起来再看一眼，这种生活让他非常不舒服。特别让他不能容忍的是，当人们知道他有一把价值连城的茶壶后，来访者络绎不绝，有的人打听还有没有其他的宝贝，有的甚至开始向他借钱。他的生活被彻底打乱了，他不知该怎样处置这把壶。当那位商人带着 20 万现金，再一次登门的时候，老铁匠没有说什么。他招来了左右邻居，拿起一把斧头，当众把紫砂壶砸了个粉碎。

现在，老铁匠还在卖拴小狗的链子，据说，他现在已经 106 岁了。

这个故事说明，"人到无求品自高"，人无欲则刚，人无欲则明。无欲能使人在障眼的迷雾中辨明方向，也能使人在诱惑面前保持自己的人格和清醒的头脑，不丧失自我。在这个充满诱惑的花花世界里，要想真正做到没有一丝欲望、毫无牵挂的确很难。

要想做到"无欲"，首先要有一颗静如止水的心。不受外界事物打扰，好好地坚持走正确的道路，正确地思考和行动，就能消除你的欲望。心淡如水是生命褪去了浮华之后，对生活中那些细微处的感动，只有用感恩的心生活，从而在一种幸福的平静流动中度过一生，才能在人生感悟之中找寻到生命的意义所在，才能做到不为"欲"所牵连、不为"欲"所迷惑，在欲望充斥的浊世之中仍能保持心中的一方净土。

欲望是一条看不见的灵魂锁链

画，远看则美；山，远望则幽；思想，远虑则能洞察事物本末；心，远放则可少忧少恼……

在某些情境之下，距离是能够产生美的，对名利的疏远尤甚，能够给人带来清明的心智与洒脱的态度。

"天下熙熙，皆为利来；天下攘攘，皆为利往。"从古至今，多少人在混乱的名利场中丧失原则，迷失自我，百般挣扎反而落得身败名裂。古人说得好："名利本为浮世重，古今能有几人抛？"

这世上的人，有几人能够在名利面前淡然处之，泰然自若？

"人人都说神仙好，唯有功名忘不了"，这是《红楼梦》里的开篇偈语，这一首《好了歌》似乎在诉说繁华锦绣里的一段公案，又像是在告诫人们提防名利世界中的冷冷暖暖，看似消极，实则是对人生的真实写照，即使在数百年后的今天依然如此。世人总是被欲望蒙蔽了双眼，在人生的热闹风光中奔波迁徙，被身外之物所累。

那些把名利看得很重的人，总是想将所有财富收到自己囊中，将所有名誉光环揽至自己头顶，结果必将被名缰利索所困扰。

一天傍晚，两个非常要好的朋友在林中散步。这时，有位小和尚从林中惊慌失措地跑了出来，俩人见状，便拉住小和尚问："小和尚，你为什么如此惊慌，发生了什么事情？"

小和尚忐忑不安地说："我正在移栽一棵小树，却突然发现了一坛金子。"

这俩人听后感到好笑，说："挖出金子来有什么好怕的，你真是太好笑了。"然后,他们就问,"你是在哪里发现的?告诉我们吧,我们不怕。"

和尚说:"你们还是不要去了吧,那东西会吃人的。"

两人哈哈大笑,异口同声地说:"我们不怕,你告诉我们它在哪里吧。"

于是和尚只好告诉他们金子的具体地点,两个人飞快地跑进树林,果然找到了那坛金子。好大一坛黄金!

一个人说:"我们要是现在就把黄金运回去,不太安全,还是等到天黑以后再运吧。现在我留在这里看着,你先回去拿点儿饭菜,我们在这里吃过饭,等半夜的时候再把黄金运回去。"于是,另一个人就回去取饭菜了。

留下来的这个人心想:"要是这些黄金都归我,该有多好!等他回来,我一棒子把他打死,这些黄金不就都归我了吗?"

回去的人也在想:"我回去之后先吃饱饭,然后在他的饭里下些毒药。他一死,这些黄金不就都归我了吗?"

不多久,回去的人提着饭菜来了,他刚到树林,就被另一个人用木棒打死了。然后,那个人拿起饭菜,吃了起来,没过多久,他的肚子就像火烧一样痛,这才知道自己中了毒。临死前,他想起了和尚的话:"和尚的话真对啊,我当初怎么就不明白呢?"人为财死,鸟为食亡。可见,"财"这只拦路虎,它美丽耀眼的毛发确实诱人,一旦骑上去,又无法使其停住脚步,最后必将摔下万丈深渊。

名利,就像是一座豪华舒适的房子,人人都想走进去,只是他们从未意识到,这座房子只有进去的路,却没有出来的门。枷锁之所以能束缚人,房子之所以能困住人,主要是因为当事人不肯放下。放不下金钱,就做了金钱的奴隶;放不下虚名,就成了名誉的囚徒。

庄子在《徐无鬼》篇中说:"钱财不积则贪者忧;权势不尤则夸者悲;势物之徒乐变。"追求钱财的人往往会因钱财积累不多而忧愁,贪心者永不满足;追求地位的人常因职位不够高而暗自悲伤;迷恋权势的人,特别喜欢社会动荡，以求在动乱之中借机扩大自己的权势。而这些人，注定烦恼一生。

权势等同枷锁，富贵有如浮云。生前枉费心千万，死后空持手一双。莫不如退一步，远离名利纷扰，给自己的心灵一片可自由驰骋的广袤天空，于旷达开阔的境界中欣赏美丽的世间风景。

名利不过是生命的尘土

有一位高僧，是一座大寺庙的住持，因年事已高，心中思考着找接班人。

一日，他将两个得意弟子叫到面前，这两个弟子一个叫慧明，一个叫尘元。高僧对他们说："你们俩谁能凭自己的力量，从寺院后面悬崖的下面攀爬上来，谁将是我的接班人。"

慧明和尘元一同来到悬崖下，那真是一面令人望而生畏的悬崖，崖壁极其险峻、陡峭。

身体健壮的慧明，信心百倍地开始攀爬。但是不一会儿他就从上面滑了下来。

慧明爬起来重新开始，尽管他这一次小心翼翼，但还是从悬崖上面滚落到原地。

慧明稍事休息后又开始攀爬，尽管摔得鼻青脸肿，他也绝不放弃……

让人感到遗憾的是，慧明屡爬屡摔，最后一次他拼尽全身之力，爬到一半时，因气力已尽，又无处歇息，重重地摔到一块大石头上，当场昏了过去。高僧不得不让几个僧人用绳索将他救了回去。

接着轮到尘元了，他一开始也和慧明一样，竭尽全力地向崖顶攀爬，结果也屡爬屡摔。

尘元紧握绳索站在一块山石上面，他打算再试一次，但是当他不经意地向下看了一眼以后，突然放下了用来攀上崖顶的绳索。然后他整了整衣衫，拍了拍身上的泥土，扭头向着山下走去。

旁观的众僧都十分不解，难道尘元就这么轻易地放弃了？大家对此议论纷纷。只有高僧静静地看着尘元的去向。

尘元到了山下，沿着一条小溪顺水而上，穿过树林，越过山谷，最后没费什么力气就到达了崖顶。

当尘元重新站到高僧面前时，众人还以为高僧会痛骂他贪生怕死、胆小怯弱，甚至会将他逐出寺门。谁知高僧却微笑着宣布将尘元定为新一任住持。众僧皆面面相觑，不知所以。

尘元向其他人解释："寺后悬崖乃是人力不能攀登上去的。但是只要在山腰处低头看，便可见一条上山之路。师父经常对我们说'明者因境而变，智者随情而行'，就是教导我们要知伸缩退变啊！"

高僧满意地点了点头说："若为名利所诱，心中则只有面前的悬崖绝壁。天不设牢，而人自在心中建牢。在名利牢笼之内，徒劳苦争，轻者苦恼伤心，重者伤身损肢，极重者粉身碎骨。"随后，高僧将衣钵锡杖传交给了尘元，并语重心长地对大家说："攀爬悬崖，意在勘验你们的心境，能不入名利牢笼，心中无碍，顺天而行者，便是我中意之人。"

不去追求虚假的得益，实实在在地施为，高僧传达的正是这个意旨。在这个世界上，名与利通常都是人们追逐的目标。虽然人人都道"富贵人间梦，功名水上鸥"，可真正要放弃对名利的追求，如自断肱骨，是难而又难的。对于名利的追求，已经深入我们的骨髓了。谁不爱名利呢？名利能给人带来优越的生活，显赫的地位。然而，谁又能保证这种"心想事成"的梦幻生活，能保持 5 年、10 年、甚至更久？13 岁的李叔同就能写出"人生犹似西山日，富贵终如草上霜"的诗句，佛意十足。他自己也真正视名利如浮云，飘然出家。

出家，不过出的是家门，人仍在红尘内，名与利仍然如炎夏的蔓藤伸出小而软的触手，纠缠不清。做和尚也是有三六九等的，普通僧人青灯古卷，寒衣草履，有权势的僧人也会出入高屋庙堂与政要周旋，来往前呼后拥，排场十足。弘一法师对此深感惋惜，而他自己对功名利禄则是毫无兴趣。弘一法师出家后，极力避免陷入名利的泥沼自污其身，因此从不轻易接受善男信女的礼拜供养。他每到一处弘法，都要先立三约：一不为人师，二不开欢迎会，三不登报吹嘘。他谢绝俗缘，很少与俗人来往，尤其不与官场人士接触。

慧忠禅师曾经对众弟子说："青藤攀附树枝，爬上了寒松顶；白云疏淡洁白，出没于天空之中。世间万物本来清闲，只是人们自己在喧闹忙碌。"世间的人在忙些什么呢？其实不外乎"名""利"两个字。万物自闲，全是因为人们自己在争名夺利。不入名利牢笼，才能专注于眼前事、当下事，没有烦忧，达到洒脱的精神境界。

尘世浮华如过眼云烟

人生像一场梦，无定、虚妄、短促，还要承受某些无法避免的痛苦。人生就像天气一样变幻莫测，有晴有雨，有风有雾。无论谁的人生，都不可能一帆风顺，况且，一帆风顺的人生，就像是没有颜色的画面，苍白枯燥。

一个经历过苦难的人，即使他现在的生活依旧被困境所包围，他的内心也不会有太多的痛苦，苦难之于他，早已化为过去的云烟。生命的诞生即是体味困苦的开始，因为惧怕苦痛而躲避在尘世之外，则永远也尝不到真正的快乐。

等人老了的时候，回过头看看自己走过的路，开心的、伤心的，不都成了过眼云烟吗？一路走过来，难免会有许多辛酸的泪水，难免会有许多欢乐的笑声，当一切成为过去，谁还记得曾经有多痛，曾经有多快乐。

按照这种思路想来，一切都会过去的。那么，对于眼前的不幸，又何必过于执着？尘世的一切荣华富贵，或是苦难病痛，最终都会如云烟般消散，既然如此，无论是幸或不幸，便没有了执着的缘由。

上帝经常听到尘世间万物抱怨自己命运不公的声音，于是就问众生："如果让你们再活一次，你们将如何选择？"

牛："假如让我再活一次，我愿做一只猪。我吃的是草，挤的是奶，干的是力气活，有谁给我评过功，发过奖？做猪多快活，吃罢睡，睡了吃，肥头大耳，生活赛过神仙。"

猪："假如让我再活一次，我要当一头牛。生活虽然苦点儿，但名声好。我们似乎是傻瓜懒蛋的象征，连骂人也都要说'蠢猪'。"

鼠："假如让我再活一次，我要做一只猫。吃皇粮，拿官饷，从生到死由主人供养，时不时还有我们的同类给它送鱼送虾，很自在。"

猫："假如让我再活一次，我要做一只鼠。我偷吃主人一条鱼，会被主人打个半死。老鼠呢，可以在厨房翻箱倒柜，大吃大喝，人们对它也无可奈何。"

鹰："假如让我再活一次，我愿做一只鸡，渴了有水喝，饿了有米吃，住有房，还受主人保护。我们呢，一年四季漂泊在外，风吹雨淋，还要时刻提防冷枪暗箭，活得多累呀！"

鸡："假如让我再活一次，我愿做一只鹰，可以翱翔天空，任意捕兔捉鸡。而我们除了生蛋、报晓外，每天还胆战心惊，怕被捉被宰，惶惶不可终日。"

女人："假如让我再活一次，一定要做个男人，经常出入酒吧、餐馆、舞厅，不做家务，还摆大男子主义，多潇洒！"

男人："假如让我再活一次，我要做一个女人，每天捯饬自己，做美甲，染头发，要多美有多美；坐轮渡，学开飞机，周游世界。不用承担养家糊口的责任，活得潇洒又美丽。"

上帝听后，大笑起来，说道："一派胡言，一切照旧！还是做你们自己吧！"

人们总渴望获得那些本不属于自己的东西，而对自己所拥有的不加以珍惜。其实，每一个生命的个体之所以存在于这个世界上，自有它存在的意义；每一个人应得的，上帝一样不会少给，不该得的，也绝不会多给。因此，安心做自己，才是智慧的人。

只有安心做自己的人，才能领会放下的大意境，明天在不断更新，何必总是着眼于过去呢？其实，一切事物都是不增不减的，它有它自然循环的道理。繁华的世态看似好，让人可以过享尽荣华富贵的生活，所以人们不遗余力地追求，但它背后的真实不过如此，为了追求它，人们在不留神之际便沦陷其中，失去快乐的生活。这里，并不是要人们面对幸福和易于得来的金钱而不去享用，只是把这些看得透彻些，活在当下，自在自然，坦然接受所拥有和能够拥有的一切，面对贫富的变迁少一些迷茫，多一些坦然，真正的幸福才能不请自来。

最长久的名声也是短暂的

看看周围那些你熟知的人，他们之中的一部分可能没有目标，做着一些对自己、对别人都毫无益处的事情，却不明白自己身上真正的本性是怎样的，有一点虚名就会沾沾自喜。这样的做法是不明智的，相反，在做事情之前，我们一定要弄清楚自己的本性是什么，之后遵从自己的本性，只做属于自己本性的事情。一定要记住，你做的每一件事都要以这件事情的本身价值来进行判断，不要过分注意那些鸡毛蒜皮的小事，你将会对命运的安排和生活的赐予感到满足。

过去熟悉的一些词语现在已经不用了，同样，那些声名显赫的名字如今也被忘却了，例如卡米卢斯、恺撒、沃勒塞斯、邓塔图斯，以及稍后一些时候的西庇阿、加图，然后是奥古斯都，还有哈德里安和安东尼。这些事情很快就过去了，变成了历史，甚至有可能被有些人忘记了。上面提到的这些乃是在历史上留下丰功伟绩的人，那么其他的人，一旦呼吸停止了，别人就不会再提起他了。如果这样的话，所谓的"永恒的纪念"是什么呢？只是虚无罢了。所以，认识到了本性的人，早就放弃了对名利的追求，即使他们偶然获得了荣誉，也完全不放在心上，只会淡化自己对于名利的渴望和与人攀比的虚荣。

居里夫人因取得了巨大的科学成就而天下闻名，她一生获得各种奖金颇多，各种奖章16枚，各种名誉头衔117个，但她对此全不在意。

有一天，她的一位朋友来访，发现她的小女儿正在玩一枚金质奖章，而那枚金质奖章正是大名鼎鼎的英国皇家学会刚刚颁给她的。这位朋友不禁大吃一惊，忙问："居里夫人，能够得到一枚英国皇家学会的奖章是极高的荣誉，你怎么能给孩子玩呢？"

居里夫人笑了笑说："我是想让孩子从小就知道，荣誉就像玩具，只能玩玩而已，绝不能够永远守着它，否则将一事无成。"

1921年，居里夫人应邀访问美国，美国妇女为了表示崇拜之情，主动捐赠1克镭给她，要知道，1克镭的价值在100万美元以上。

这是她急需的。虽然她是镭的母亲——发明者和所有者（但她放弃为此而申请专利），但她买不起昂贵的镭。

在赠送仪式之前，当她看到"赠送证明书"上写着"赠给居里夫人"

的字样时，她不高兴了。她声明说："这个证书还需要修改。美国人民赠送给我的这1克镭永远属于科学，但是假如这样写，这1克镭就成了我的私人财产，这怎么行呢？"

主办者在惊愕之余，打心眼儿里佩服这位大科学家的高尚人品，马上请来一位律师，把证书修改后，居里夫人这才在"赠送证明书"上签字。

居里夫人的成就在科学史上是空前的，可是她早就看淡了名利，这并不是每个人都能做到的。人的行为都是受欲望支配的，可欲望是无穷的，尤其是对于外部物质世界的占有欲，更是一个无底深渊。现实生活中，到处都是诱惑，人的占有欲往往就这样被强烈地激发出来。但是，虽然人们承认欲望的客观存在，并不代表肯定欲望本身，欲望的永无休止只会给我们带来更深重的灾难，所以我们要竭力避免和舍弃的东西正是在欲望的支配下对名利无休无止的渴望。

身外物，不奢恋

从前，有一个非常富有的国王，名叫米达斯。他拥有的黄金数量之多，超过了世上任何人。尽管如此，他仍认为自己拥有的黄金数量还不够多。有一次，他碰巧又获得了更多的黄金，这使他非常高兴。他把黄金藏在皇宫下面的几个大地窖中，每天都在那里待上很长时间清点自己有多少黄金。

米达斯国王有一个小女儿名叫马丽格德。国王非常喜欢这个小女儿，他告诉她："你将成为世界上最富有的公主！"但是马丽格德对此不屑一顾。与父亲的财富相比，她更喜欢花园、鲜花与金色的阳光。她大部分时间都是自己一个人玩，因为父亲为获得更多的黄金和清点自己有多少黄金忙得不可开交。和别的父亲不同的是，他很少给她讲故事，也很少陪她去散步。

一天，米达斯国王又来到他的藏金屋。他反锁上大门，将藏金子的箱子打开。他把金子堆到桌子上,开始用手抚摸,看上去他很喜欢那种感觉。他让黄金从手指缝间滑落而下,微笑着倾听它们的碰撞声,仿佛那是一首美妙的曲子。突然一个人影落到了那堆金子上面,他抬起头,发现一个身着白衣的陌生人正对着他笑。米达斯国王吓了一跳,他明明记得把门锁上了呀!他的财宝并不安全!陌生人继续对着他微笑。

"你有许多黄金,米达斯国王。"他说道。

"对,"国王说道,"但与全世界所有的黄金相比,这又显得太少了!"

"什么!你并不满足吗?"陌生人问道。

"满足?"国王说,"我当然不满足。我经常夜不能寐,想方设法获得更多的黄金,我希望我摸到的任何东西都能变成黄金。"

"你真的希望那样吗,米达斯陛下?"

"我当然希望如此了,其他任何事情都难以让我那样高兴。"

"那么你将实现你的愿望。明天早晨,当第一缕阳光透过窗子射进你的房间,你将获得点金术。"陌生人说完便消失了。

米达斯国王揉了揉眼睛。"我刚才一定是在做梦,"他说道,"如果这是真的,我该有多高兴啊!"

第二天,米达斯国王醒来时,房间里晨光熹微。他伸手摸了一下床罩,什么也没有发生。"我知道那不是真的。"他叹了口气。就在这时,清晨的阳光透过窗户射进房间,米达斯国王刚才摸的床罩变成了黄金。

"这是真的,是真的!"他兴奋地喊道。他跳下床,在房间中跑来跑去,见什么摸什么。屋里的家具都变成了金子。他透过窗户,向马丽格德的花园望去。"我将给她一个莫大的惊喜。"他自言自语道。

他来到花园中,用手摸遍了马丽格德的花朵,把它们都变成了金子。"她一定会很高兴。"他想。他回到房间中,等着吃早饭。他拿起昨天晚上看过的书,然而他一碰到书,书就变成了金子。"我现在无法看这本书了,"

他说道,"不过让它变成金子当然更好。"

就在这时,一个仆人端着吃的东西走了进来。"这饭看起来非常好吃,"他说道,"我先吃那个熟透了的红桃子。"他把桃子拿到手中,但是他还没有尝到桃子是什么滋味,它就变成了金子。米达斯国王把桃子放回到盘子中。"桃子很好看,我却不能吃!"他说道。他从盘子上拿下一个卷饼,但卷饼又立即变成了金子。他端起一杯水,但还没喝,杯子和水就变成了金子。"我可怎么办啊?"他喊道,"我又饥又渴,我既不能吃金子,也不能喝金子!"

这时,房门开了,小马丽格德手里拿着一支玫瑰花走了进来,眼里噙满了泪水。

"出了什么事,女儿?"国王问道。

"噢,父亲!你看我的玫瑰花都怎么了?它们变得又硬又丑!"

"嘿,它们是金玫瑰,孩子,你不认为它们比以前的样子更好看吗?"

"不,"她抽泣着说,"它们没有香气,也不再生长,我喜欢活生生的玫瑰。"

"不要在意了,"国王说,"现在吃早饭吧。"

马丽格德注意到父亲没有吃饭,一脸的悲伤。"发生了什么事,亲爱的父亲?"她问道,然后向他跑过来。她伸开双臂,抱住他,他吻了她。但他突然痛苦地喊了起来。他摸了一下女儿,她那漂亮的脸蛋变成了金灿灿的金子,双眼什么也看不到,双唇无法吻他,双臂无法将他抱紧。她不再是一个可爱的、欢笑的小女孩了,她已经变成了一尊小金像。米达斯低下头,大声哭泣起来。

"你高兴吗,陛下?"他听到一个声音问道。他抬起头,看到那个陌生人站在他身旁。

"高兴?你怎么能这样问!我是世界上最不幸的人!"国王说道。

"你掌握了点金术，"陌生人说道，"那还不够吗？"米达斯国王仍低头不语。

"在食物与一杯凉水以及这些金子之间，你更愿意要哪一个？"

"噢，把我的小马丽格德还给我，我愿放弃所有的金子！"国王说道，"我已经失去了应该拥有的东西。"

"你现在比过去明智多了，米达斯国王，"陌生人说道，"跳到从花园旁边流过的那条河中，取一些河水，洒到你希望恢复原状的东西上。"说完这句话，陌生人就消失了。

米达斯一下跳起来，向小河跑去。他跳进去，取了一罐水，然后急忙返回皇宫。他把水洒到马丽格德身上，她的脸蛋立即恢复了血色。她睁开那双蓝眼睛。"啊，父亲！"她说道，"发生了什么事？"米达斯国王高兴地叫了一声，把女儿抱到怀中。从那以后，米达斯国王再也不喜欢金子了，他只钟爱金色的阳光与马丽格德的金发。

物欲太盛造成灵魂变态，精神上永无宁静，永无快乐。正如故事中的国王一样，即使手中已有大量的黄金，还仍不满足。自学会点金术后，他可以拥有更多的金子，然而，凡他手可触及的地方，无论是什么东西，包括他的爱女，均变成了金的。国王陷入了烦恼，失去了快乐，也不再认为拥有更多的金子是幸福的。要想拥有幸福的生活，就要学会控制自己的欲望，也要懂得放弃。放弃是一种让步，让步不是退步。让一步，然后养精蓄锐，为的是更好地向前冲。放弃是量力而行，明知得不到的东西，何必苦苦相求，明知做不到的事，何必硬撑着去做呢？须知该是你的便是你的，不是你的，任你苦苦挣扎也得不到。有时你以为得到了，可能失去的会更多；有时你以为失去了不少，却有可能获得了许多。"身外物，不奢恋"，这是思悟后的清醒。谁能做到这一点，谁就会活得轻松，过得自在。

可以有欲望，但不可有贪欲

伊索有句话说："许多人想得到更多的东西，却把现在所拥有的也失去了。"对于生活，普通的老百姓没有那么多言辞来形容，但是他们有自己的一套语言。于是，老人们会在我们面前念叨：做人啊，要本分，不要丢了西瓜捡芝麻。这个道理其实与伊索说的是一样的。

的确，人生的沮丧很多都是源于得不到的东西，我们每天都在奔波劳碌，每天都在幻想填平心里的欲望，但是那些欲望却像是反方向的沟壑，你越是想填平，它就越向下凹得越深。

欲望太多，就成了贪婪。贪婪就好像一朵艳丽的花朵，美得你兴高采烈、心花怒放，可是你在注意到它的娇艳的同时，却忘了提防它的香气，那是一种让你身心疲惫却永远也感受不到幸福的毒药。从此，你的心灵被索求所占据，你的双眼被虚荣所模糊。

年轻的时候，艾莎比较贪心，什么都追求最好的，拼了命想抓住每一个机会。有一段时间，她手上同时拥有13个广播节目，每天忙得昏天暗地，她形容自己："简直累得跟狗一样！"

事情总是对立的，所谓有一利必有一弊，事业愈做愈大，压力也愈来愈大。到了后来，艾莎发觉拥有更多不是乐趣，反而成为一种沉重的负担。她的内心始终有一种强烈的不安笼罩着。

1995年，"灾难"发生了，她独资经营的传播公司日益亏损，交往了7年的男友和她分手……一连串的打击直奔她而来，就在极度沮丧的时候，她甚至考虑结束自己的生命。

在面临崩溃之际，她向一位朋友求助："我不知道如果我把公司关掉，我还能做什么？"朋友沉吟片刻后回答："你什么都能做，别忘了，当初我们都是从'零'开始的！"

这句话让她恍然大悟，也让她勇气再生："是啊！我们本来就是一无所有，既然如此，又有什么好怕的呢？"就这样，念头一转，她不再沮丧。没想到，在短短半个月之内，她连续接到两笔很大的业务，濒临倒闭的公司起死回生。

历经这些挫折后，艾莎体悟到了人生"无常"的一面：费尽了力气去强求，虽然勉强得到，最后留也留不住；而一旦放空了，随之而来的可能是更大的能量。她学会了"舍"。为了简化生活，她谢绝应酬，搬离了150平方米的房子，索性以公司为家，挤在一个10平方米不到的空间里，淘汰不必要的家当，只留下一张床、一张小茶几，还有两只做伴的小狗。

艾莎这才发现，原来一个人需要的其实那么有限，许多附加的东西只是徒增无谓的负担而已。人人都有欲望，都想过美满幸福的生活，都希望丰衣足食，这是人之常情。但是，如果把这种欲望变成不正当的欲求，变成无止境的贪婪，那无形中就成了欲望的奴隶。

在欲望的支配下，我们不得不为了权力、为了地位、为了金钱而削尖了脑袋向里钻。我们常常感到自己非常累，但仍觉得不满足，因为在我们看来，很多人生活得比自己更富足，很多人的权力比自己的更大。所以我们别无出路，只能硬着头皮往前冲，在无奈中透支着体力、精力与生命。

这样的生活，能不累吗？被欲望沉沉地压着，能不精疲力竭吗？静下心来想一想：有什么目标真的非要实现不可，又有什么东西值得我们用宝贵的生命去换取？

放弃生活中的"第四个面包"

成功只是幸福的一个方面，而不是幸福的全部。人们对"成功"的需求是永无止境的，没完没了地追求来自外部世界的诱惑——大房子、新汽车、昂贵服饰等，尽管可以在某些方面得到物质上的快乐和满足，但是这些东西最终带给我们的是患得患失的压力和令人疲惫不堪的混乱。

两千多年前，苏格拉底站在熙熙攘攘的雅典集市上叹道："这儿有多少东西是我不需要的！"同样，在我们的生活中，也有很多看起来很重要的东西，其实，它们与我们的幸福并没有太大关系。我们对物质不能一味地排斥，毕竟精神生活是建立在物质生活之上的，但不能被物质约束。面对这个已经严重超载的世界，面对已被太多的欲求和不满压得喘不过气的生活，我们应当学会用好生活的减法，把生活中不必要的繁杂除去，让自己过一种自由、快乐、轻松的生活。

人们常说，如果你一顿饭吃三个面包能吃饱，但当第四个面包出现的时候，很多人仍会硬着头皮撑着肚子继续吃下去。然而，这样好吗？

人生在世，知道自己需要什么，不过是一个人的本能；而懂得自己不需要什么，却是一个人生存的智慧。

人只有两只手，能抓多少东西？

抓住一样东西，就意味着放弃了更多的东西。放弃和失去，始终是人生的大局。

不要以为得到了什么，其实人时时刻刻都是在失去，失去时间、失去生命、失去更多的财富、失去更多的机会。

不要抓得太紧，抓得越紧，丢失的会越多。

持到手的，莫要沾沾自喜。未持到手的，也莫要灰心丧气。生命的旅程太短，世间的精彩太多，持有什么，不持有什么，都不是人生过程的关键，而这关键，正是选择。

选择，是人生过程中最精彩也最具有诱惑力的课题；而持有，只是选择之后的一种随机或必然的结果。

当选择的命题被完成之后，所选择事物的结果于个体的生命来说，虽然可能影响很大，但已不是生命的个体所能完全左右的了，所以也就无足轻重了。毕竟，那已经脱离了生命个体的愿望轨道，进入了事物发展规律的轨道。

人生关键的课题是选择，但人生最难的却是人要不停地选择。

有时候刚完成一个选择，又得进行另一个选择。有时在开头选择对了，在第二步却可能选择错。有时一直都做了适合自己的选择，到最后一个选择前却走到了另一条不适合自己的道上。

在生活中，人们总喜欢抓住点什么，房子、金钱、名利……抓得世界五彩缤纷，抓得自己精疲力竭。可我们毕竟只是凡人，我们想抓住的太多，而我们能抓住的实在太少。

在现实生活中，你也许会遇到这种类似的情况：

有位病人在临死之前异常痛苦，一手紧抓床栏，一手紧抓亲人或好友，总不肯放手，以为只要抓住便会有希望。

亲人看他痛苦万分，便说："放手吧，放手后你就轻松了、舒服了，我们会一直在你身边，看着你、爱你。"

他听了感到宽慰，放心了，就放手了，一放手就解脱了。

这正如人们所说："人握拳而来，撒手而去，先是一件件索取，后又一件件疏散。"这是人生的减法，也是人生的放弃。

过多的欲望会蒙蔽你的幸福

人很多时候是很贪心的，就像很多人形容的那样：吃自助的最高境界是"扶墙进，扶墙出"。进去扶墙是因为饿得发昏，四肢无力，而出来扶墙是因为撑得路都走不了。人愿意活受罪是因为怕吃亏。而有些时候，人总是对自己不满，还是因为太贪心，什么都想得到。

很多人常常抱怨自己的生活不够完美，觉得自己的个子不够高、自己的身材不够好、自己的房子不够大、自己的工资不够高、自己的伴侣不够优秀，自己在公司工作好几年了却始终没有升职……总之，对于自己拥有的一切都感到不满，觉得自己不幸福。真正不快乐的原因是：不知足。一个人不知足的时候，即使在金屋银屋里面生活也不会快乐，一个知足的人即使住在茅草屋中也是快乐的。

剑桥教授安德鲁·克罗斯比说：真正的快乐是内心充满喜悦，是一种发自内心的对生命的热爱。不管外界的环境和遭遇如何变化，都能保持快乐的心情，这就需要一种知足的心态。知足者常乐，因为对生活知足，所以他会感激上天的赠予，用一颗感恩的心去感谢生活，而不是总抱怨生活不够照顾自己。

有一个村庄，里面住着一个左眼失明的老头儿。

老头儿9岁那年在一场高烧后，左眼就看不见东西了。他爹娘顿时泪流满面，独生的儿子瞎了一只眼睛可怎么办呀！没料他却说自己左眼瞎了，右眼还能看得见呢！总比两只眼都瞎了要好！比起世界上的那些双目失明的人，不是要强多了吗？儿子的一番话，让爹娘停止了流泪。

老头儿的家境不好，爹娘无力供他读书，只好让他去私塾里旁听。他的爹娘为此十分伤心，他劝说道："我如今也已识了些字，虽然不多，但总比那些一天书没念、一个字不识的孩子强多了吧！"爹娘一听也觉得安然了许多。

后来，他娶了个嘴巴很大的媳妇。爹娘又觉得对不住儿子，而他却说和世界上的许多光棍汉比起来，自己是好到天上去了！这个媳妇勤快、能干，可脾气不好，把婆婆气得心口作痛。他劝母亲说："天底下比她差得多的媳妇还有不少，媳妇脾气虽是暴躁了些，不过还是很勤快，又不骂人。"爹娘一听真有些道理，怄的气也少了。

老头儿的孩子都是闺女，于是媳妇总觉得对不起他们家，老头儿说："世界上有好多结了婚的女人，压根儿就没有孩子。等日后我们老了，5个女儿女婿一起孝敬我们多好！比起那些虽有儿子几个，却妯娌不和、婆媳之间争得不得安宁的要强得多！"

可是，他家确实贫寒得很，妻子实在熬不下去了，便不断抱怨。他说："比起那些拖儿带女四处讨饭的人家，饱一顿饥一顿，还要睡在别人的屋檐下，弄不好还会被狗咬一口，就会觉得日子过得还真是不赖。虽然没有馍吃，可是还有稀饭可以喝；虽然买不起新衣服，可总还有旧的衣裳穿；房子虽然有些漏雨的地方，可总还是住在屋子里边。和那些靠讨饭维持生活的人相比，日子可以算是天堂了。"

老头儿老了，想在合眼前把棺材做好，然后安安心心地走。可做的棺材属于非常寒酸的那一种，妻子愧疚不已，而老头儿却说："这棺材比起富贵人家的上等柏木是差远了，可是比起那些穷得连棺材都买不起，尸体用草席卷的人，不是要强多了吗？"

老头儿活到72岁，无疾而终。在他临死之前，对哭泣的老伴说："有啥好哭的，我已经活到72岁，比起那些活到八九十岁的人，不算高寿，可是比起那些四五十岁就死了的人，我不是好多了吗？"

老头儿死的时候，神态安详，脸上还留有笑容……

老头儿的人生观，正是一种乐天知足的人生观，永远不和那些比自己强的人攀比，而是用自己拥有的与那些没有拥有的人进行比较，并以此找到了快乐的人生哲学。人生不就这样吗？有总比没有强多了。

很多时候，我们就缺少老头儿的这种心境。当我们抱怨自己的衣服不是名牌的时候，是否想到还有很多人连一套像样的衣服都没有；当我们抱怨自己的孩子没有拿到第一的时候，是否想到那些根本上不起学的孩子；当我们抱怨工作太累的时候，可否想到那些在街上摆着小摊的小贩们，他们每天起早贪黑,他们根本没有工夫去抱怨……其实,我们已经过得很好了,我们能够在偌大的城市拥有着自己的房子,哪怕只是租的,我们不用为吃饭发愁,我们拥有着体贴的伴侣、可爱的孩子,有着依旧对自己牵肠挂肚的父母……实际上我们已经拥有的够多了,还有什么不满意的呢?快乐也是在知足中获得的。

过重的名誉会压断你起飞的翅膀

有一篇题为《蜗牛的奖杯》的文章。讲的是蜗牛原先善于飞行,在一次飞行比赛中荣获冠军,蜗牛得到了一个奖杯,它便成天把奖杯背在身上,日久天长,奖杯成了外壳,它的翅膀也退化了,便只能慢慢爬行。做人也是一样,不能永远背着荣誉的外壳,要学会淡忘曾经的荣誉,才能走得更远,飞得更高。

信陵君杀死晋鄙,拯救邯郸,击破秦兵,保住赵国,赵孝成王准备亲自到郊外迎接他。唐雎对信陵君说:"我听人说:'事情有不可以让人知道的,有不可以让人不知道的;有不可以忘记的,有不可以不忘记的。'"

信陵君说:"你说的是什么意思呢?"唐雎回答说:"别人厌恨我,不可不知道;我厌恨人家,又不可以让人知道。别人对我有恩德,不可以忘记;我对人家有恩德,不可以不忘记。如今您杀了晋鄙,救了邯郸,破了秦兵,保住了赵国,这对赵王是很大的恩德啊,现在赵王亲自到郊外迎接您,我们仓促拜见赵王,我希望您能忘记救赵的事情。"信陵君说:"我谨遵你的教诲。"唐雎叫信陵君谦虚谨慎,淡忘功劳,这的确是高明的处世哲学。其实,不仅仅是做人,在市场经济的大潮中,同样需要淡泊曾经的功劳。

社会在与时俱进,市场瞬息万变,要发展就必须要创新。要创新,就得将装有"成绩""荣誉"之类的"行囊"减轻直至甩掉,不断地从新的

"零"开始,在"白纸"上画新的图画。没有了"包袱",解放了思想,放开了手脚,在技术创新、体制创新、管理创新、理论创新、经营理念创新等诸多创新中,一定能有所作为,一定能再创辉煌。

同样,在人生旅途中,我们可能会遇到坎坷和不幸,如竞争的失败、家道的中落、不测的病痛和突发的灾难;可能会遇到无端的误解和不公允的际遇;可能会有名利得失和荣辱毁誉;可能会有历史的伤痕和岁月的沧桑;可能会听到无中生有的流言蜚语,捕风捉影、飞短流长的小道新闻……

如果一切都是不可避免的,那我们不妨挥一挥衣袖,学会淡忘,淡忘应该淡忘的一切。淡忘功名利禄,那将使你不会高高在上,不会拥有那种孤独的高处不胜寒的悲凉;淡忘曾经的痛楚,那将有助于你寻找到另一份真正属于自己的幸福;淡忘曾经的仇恨,那将帮助你开辟另一条通往成功的大道;淡忘曾经的成功,那将有助于把你带往人生新的高峰。

给自己的欲望打折

人,是有欲望的,所以永远得不到满足,永远在为自己攫取着,最后沦为私欲的奴隶,把自己的心灵变成了地狱。而当一个人的人生走向终点时,他才会发现,人,是不会从他过多拥有的东西中得到乐趣的,但这些东西却总是以一种魔力引诱着人去追逐,失去理智也在所不惜。于是世界上成千上万的人带着这些东西走向了坟墓,悲哀而无奈。

私欲是一切生物的共性,所不同的是,其他生物的私欲是有限的,人的私欲是无限的。正因为如此,人的不合理的私欲必须要受到社会公理、道义、法律的制约,否则很多人就会亲手毁掉自己的幸福。

要求人一点儿私欲都没有是不可能的:我们总是在做我们内心想做的

事情。从这个角度说，每个人都是自私的，但自私并不都那么可怕，可怕的是私欲太盛，利令智昏，时时处处以自己为中心，以损公肥私和损人利己为乐事，一切围着自己想问题，一切围着自己办事情，在满足其一己之私的过程中，不惜损害公益事业，不惜妨害他人利益。这样的人谁不怕？怕的时间长了，也就如同瘟疫一样，人们避之唯恐不及；怕的人多了，也就如过街老鼠一样，人人见之喊打。这样的人即便是比别人多捞取了一些利益，也不会获得真正意义上的幸福。如果说，他们也侈谈什么成功，充其量不过是鸡鸣狗盗的成功，没有任何值得骄傲和自豪的。

"点燃别人的房子，煮熟自己的鸡蛋。"英国的这句俗话，形象地揭示了那些妨害他人利益的自私行为。而这样的人，等待他们的只有自酿的苦果。

远离名利的烈焰，让生命逍遥自由

古今中外，为了生命的自由、潇洒，不少智者都懂得与名利保持距离。

惠子在梁国做了宰相，庄子想去见见这位好友。有人急忙报告惠子："庄子来了，是想取代您的相位吧。"惠子很恐慌，想阻止庄子，派人在梁国搜了三日三夜。不料庄子从容而来拜见他，说："南方有只鸟，其名为凤凰，您可听说过？这凤凰展翅而起，从南海飞向北海，非梧桐不栖，非练实不食，非醴泉不饮。这时，有只猫头鹰正津津有味地吃着一只腐烂的老鼠，恰好凤凰从头顶飞过。猫头鹰急忙护住腐鼠，仰头视之道：'吓！'现在您也想用您的梁国相位来吓我吗？"惠子十分羞愧。

一天，庄子正在濮水垂钓。楚王委派的两位大夫前来聘请他："吾王久闻先生贤名，欲以国事相累。"庄子持竿不顾，淡然说道："我听说楚国有只神龟，被杀死时已三千岁了。楚王珍藏之以竹箱，覆之以锦缎，供奉在庙堂之上。请问大夫，此龟是宁愿死后留骨而贵，还是宁愿生时在泥水中潜行曳尾呢？"两位大夫道："自然是愿意在泥水中曳尾而行了。"庄子说："两位大夫请回去吧！我也愿在泥水中曳尾而行。"庄子不慕名利，不恋权势，为自由而活，可谓洞悉幸福真谛的达人。

人活在世界上，无论贫穷富贵，穷达逆顺，都免不了与名利打交道。《清代皇帝秘史》记述乾隆皇帝在下江南时，来到江苏镇江的金山寺，看到山脚下大江东去，百舸争流，不禁兴致大发，随口问一个老和尚："你在这里住了几十年，可知道每天来来往往多少只船？"老和尚回答说："我只看到两只船。一只为名，一只为利。"一语道破天机。

淡泊名利是一种境界，追逐名利是一种贪欲。放眼古今中外，真正淡泊名利的很少，追逐名利的很多。今天的社会是五彩斑斓的大千世界，充溢着各种各样眩人耳目的名利诱惑，要做到淡泊名利确实是一件不容易的事情。

旷世巨作《飘》的作者玛格丽特·米切尔说过："直到你失去了名誉以后，你才会知道这玩意儿有多累赘，才会知道真正的自由是什么。"盛名之下，是一颗活得很累的心，因为它只是在为别人而活着。我们常羡慕那些名人的风光，可我们是否了解他们的苦衷？其实大家都一样，希望能活出自我，能活出自我的人生才更有意义。

世间有许多诱惑：桂冠、金钱，但那都是身外之物，只有生命最美，快乐最贵。我们要想活得潇洒自在，要想过得幸福快乐，就必须做到：学会淡泊名利，割断名与利的联系，无官不去争，有官不去斗；位高不自傲，位低不自卑，欣然享受清心自在的美好时光，这样就会感受到生活的快乐和惬意。否则，太看重权力地位，让一生的快乐都毁在争权夺利中，那就太不值得了。

当然，放弃荣誉并不容易做到，它是经历磨难、挫折后的一种心灵上的感悟，一种精神上的升华。"宠辱不惊，去留无意"说起来容易，做起来却十分困难。红尘的多姿、世界的多彩令大家怦然心动，名利皆你我所欲，又怎能不忧不惧、不喜不悲呢？否则也不会有那么多的人穷尽一生追名逐利，更不会有那么多的人失意落魄、心灰意冷了。只有做到了宠辱不惊、去留无意方能心态平和，恬然自得，方能达观进取，笑看人生。

重新审视自己与物品的关系

我们付出金钱购买物品，自然认为自己是物品的主人，对物品具有绝对的操控权，而事实并非如此。很多时候，我们和物品的关系是不平等的，这种不平等包括两种类型。

一、仰视关系

很多人买了昂贵的物品后，太过珍惜，害怕在使用的过程中产生磨损或意外丢失。这种害怕已经达到了小心翼翼的程度，甚至觉得自己配不上这件物品，不够资格使用，所以一直珍藏着舍不得拿出来使用。

侯安经济上富裕之后，曾买过一些奢侈品，LV的钱包、巴宝莉的背包，还有一块劳力士。这些好东西，在侯安身边待的时间都不长，钱包和背包一直安放在柜子里，手表则直接卖掉了。侯安觉得，这些奢侈品感觉起来很高档，但用起来不方便，他总是很刻意地小心，用着心累。

二、俯视关系

我们买了地摊货或折扣商品之后，一直抱着坏了便换新的心思使用，用起来很随意，用坏了也不觉得可惜，认为小心爱护和保养不值得。

无论是仰视还是俯视，都不是我们与物品正确的关系。我们与物品应该平等相待，好比结婚时讲求门当户对，有共同语言，只有这样才不会彼此互相迁就太多，才能找到一个比较舒适的角度来相处。

我们和物品之间的关系就是我们心智模式的外在投射，即和自己的关系。我们购买的所有东西，就是我们时间空间的容器。在我们占有物品的同时，也在被物品所占有，我们和物品建立什么样的关系，就意味着我们和自己如何相处。

在一个良好的相处模式之中，物品就好像我们的一个朋友。我们不但知道自己的个性，还熟悉物品的特性。我们用物品来辅助生活，物品在我们的使用下展现其应有的价值。

为了建立和物品的平等关系，我们需要做到如下三点。

首先，当我们购买物品时，需要慎重选择，把注意力放在物品的使用上。少买甚至不买同类东西，等着某一样东西用完了，用坏了，没有了再买。即便有缺少的东西，也先看看现有的是否可以替代。

另外还要注意不贪小便宜，不拿免费的东西。每次买一样东西之前，都要摸着自己的胸口问一下：我真的需要它吗？此时此刻就需要吗？你肯定不会选一个性格不合的人当朋友，所以你也一定不要凑合，不要选一个不是那么中意的物品来用。

同时，当你选中之后，也要坚持做到，不用到最后决不换新。也就是说，要让自己身边的物品保持一个优胜劣汰的循环，每件物品都是经过精挑细选留存下来的，性能又好又符合心意。这样在不断的循环过程中，终有一天，你身边的物品都会是你所需要的、必不可少的，你身边的物品将不再需要整理和收纳。

其次，我们要学会把物品人化。具体而言指，在充分了解物品的特性之后，为物品取一个名字，比如把冰箱叫"西门飘雪"，把扫地机器人叫"横行天下"。为了增进对物品的了解，培养和物品的感情，我们还可以不断调试物品在家庭中的位置，注意物品与物品之间的距离，以做到使用时轻易便可以够到，不使用时不影响观瞻。在一个特定时期内，视觉里没有杂物，可以确保注意力不涣散，增加内心的安全感。这样精心准备之后，我们会对自己的物品日久生情，既不会过分仰视也不会过分轻视。

让每个物品在我们心目中都具有一定的分量，使用起来心里就会有一种沉甸甸的温暖。

最后便是果断扔。一定要养成一副火眼金睛，能对一样物品是否有用做出快速判定。这就需要列出一份生活必需品的清单，一旦发现某些物品与清单不符，立马扔掉。遇到确实没用却又舍不得扔的东西，最好的办法就是换个角度想一想。比如屋子的空间都被它挤占了，心情会很压抑，再比如屋子被这些没用的东西搞得乱七八糟，会显得你很邋遢，影响人们对你的看法。这样扔起来就会比较轻松。

第三章
最舒适的社交方式,
就是保持松弛感

不必费心费力去应付无效社交

曾经有个段子刷爆了朋友圈，说的是："你是砍柴的，他是放羊的。你们俩聊了一整天，最后他的羊吃饱了，你的柴却一点没砍。"

这句话被网友拿来调侃生活中的"无效社交"。聚会上，你跟一群说不上熟悉甚至记不清对方名字的人，推杯换盏，热情交流，你恭维我事业有成，我恭维你婚姻美满，你夸我身材保持得好，我赞你越来越年轻……互相絮絮叨叨地谈论着"生活不易""天气不错"等不痛不痒的问题。寒暄、吃饭、假笑，直到聚会结束，虽然交换了联系方式，看起来也处得像朋友，但一转身就再无交集。

很多人因为害怕孤独，所以流连于各种交际场所，寄希望于通过社交获取精神上的满足。结果却事与愿违，那些费心费力花费时间和精力去维系的社交关系，没有带给自己满足感，反而让自己疲惫不堪。

这种我们无法从中得到满足，反而长期处于不开心、不舒服的社交关系，就是所谓的"无效社交"。比如，父母打电话或者视频的时候，突然让我们跟不熟的人聊天；独自走在路上被推销人员搭讪，再三拒绝依旧穷追不舍；被领导强行派去陪客户吃饭，饭局上还要一一敬酒说敬酒词。

我们身处在这样的社会环境中，即使已经强烈地感受到这种无效社交所带来的疲惫感与倦怠感，但仍然不得不迫于生活和环境的压力，继续违背自己的内心，费心费力地去维持这样一种勉强的社交。秉持极简主义原则，我们仍然可以放弃一些无效社交，给自己的生命留出更多空白，去结交更有价值的朋友，去做更有意义的事。

在《请停止无效社交》这本书中有这么一段话:"你忙于交际,疲于应付,鸡同鸭讲的尴尬无处不在。你为了别人的欢笑而奔波,又为了别人的肯定而牺牲自我,你的人生仿佛都不是你的。其实,你根本不是在社交,而是无谓地蹉跎光阴。"

社交是指人们在一定的环境中进行物质和精神往来的活动,社交是一种交换过程。有效社交往往伴随着有效价值的互动,社交双方都可以从对方身上获得自己想要的东西,结果往往是双赢。无效社交的结果则是单赢,或者双输。

澳大利亚著名的极简主义创始人安妮·珍·布鲁尔在《过简单而有品质的生活》中提倡,人们应该放弃无效社交。那么,无效的社交关系都有哪些呢?

一、泛泛之交

逢年过节,走亲访友。日常工作中,领导同事之间的人情往来;社会生活中,同学朋友之间的小聚,都属于泛泛之交。更具体一些,你在某次聚会上,周游在一群又一群的陌生人之间,满屋子都是客套的嘘寒问暖、不轻不重的闲言碎语,所有人都在热情地加微信、留电话号码,然后彼此说着今后一定常联系,但三天后可能连彼此相见过都记不得了。

泛泛之交是日常生活中最为常见和普通的社交生活。一个人身价的高低,往往便是看他的时间是否值钱。对于成功人士而言,泛泛之交就是在浪费时间。成功人士往往会跳过这个环节,把精力和时间放在更重要也更有意义的人和事情上。

二、酒肉之交

酒肉关系,是最脆弱、最不可靠的关系。一个明智的人,绝对不会整天在喝酒吹牛中混日子。酒桌上那些拍着胸口的保证和许诺,在真正的利益冲突面前比纸还薄。

当你风生水起时，他要么对你有所贪图、巴结逢迎，要么对你心生嫉妒、左右掣肘。有事情了，彼此互相躲避，一个比一个躲得远、跑得快，更甚者落井下石，让你摔得更惨。

张宇是家里的独生子，从小被娇生惯养，长大后更是自由放纵，结交的尽是一些酒肉朋友。平时这帮人在一起吃喝玩乐，称兄道弟，好得跟一家人似的。但有一次因为打群架，张宇被公安局拘留了。这帮朋友一见张宇碰到麻烦了，一个个跑的跑、逃的逃，都躲了起来，张宇为此竟大病一场。所以酒肉之交是最没有意义的。

三、不平等之交

现实中，人与人之间的交往，经常会存在不对等的关系。交往的双方，一方手头所握有的资源过少，就会变成单纯的索取者；而另一方在交往中得不到任何实惠，就变成了单纯的付出者。

索取者为了得到付出者的认可，只能出卖自己的自尊，用讨好、阿谀来博取对方的欢心，而付出者也会因为一味付出，得不到有效回应，而越来越为这段关系感到乏味和困扰。其实这种社交对双方而言都是不平等且意义不大的。

对极简主义者来说，与其耗费精力、时间去应付不必要的社交关系，不如用心去经营少量值得经营的关系。理想的有效社交是你有故事我有酒，你有百花我有月。

与其挖空心思经营人脉，不如提升自己

人脉决定一切的观点让很大一批人醉心于经营人脉。他们周游于各种社交场合，使出浑身解数巴结逢迎各色人物。虽然收获寥寥，但他们却觉得是在经营自己的人脉，这在以后将会是一份财富。

这些人拒绝花费大量精力提高自身能力，最初，经营人脉是他们不努力的挡箭牌，到后来，经营人脉会是他们平庸人生的遮羞布，等待他们的将是越来越无望的人生。

其实，人们追求人脉的本质是在寻求到达成功的捷径，是在靠别人给予一个板凳，站上一个更高的位置。但没有之前攀爬的辛苦，你也不会有结实的身体、坚强的意志。俗话说高处不胜寒，冷不丁站在高处，肯定会冻坏身体。

所以经营人脉不是一条捷径，借由人脉一步登天更是痴心妄想。

你只有有能力，你的人脉才能发挥出该有的作用。试想一下，即便你有良好的人脉，即便很多人都愿意给你提供帮助，愿意给你机会，如果你没有相应的能力，那这些机会你能把握住吗？你能成功胜任交给你的任务或托付给你的责任吗？在如此高压和快速运转的社会里，要是你一而再再而三地不靠谱，完不成任务，即便有人脉，你也可以用，但最终也只是空耗人脉。

初唐大诗人王勃，在还是无名小卒的时候，有一年去到长安，当时长安城里出了一件怪事。有一个老者卖一把琴，出价居然要100两白银。王勃听到这个消息后，果断买了那把琴，引发了人们的围观，王勃转念一想，借机邀请围观的人都去他那里听琴。却没想到，当人们都带着好奇心去了王勃的住处，王勃却把琴砸了。

砸琴之后，王勃从怀里掏出一沓纸说："我王勃有上好文章数百篇，比琴声还要美妙，请各位观赏。"读完文章，人们纷纷称赞王勃好文采。过后，一传十，十传百，整个长安城的人都竞相传看王勃的文章，王勃声名大噪。

《请停止无效社交》中说："我们不能否认人脉的作用，但对于个人发展，能力是1，人脉及其他是这个1后面的0。没有1，后面的0毫无意义；

有了前面的 1，后面的 0 可以让 1 的威力成倍增长。"

不错，能力能够让人脉的作用得以凸显，而且更重要的是，能力还可以为我们赢得人脉。随着我们自身能力的增长，优质人脉圈子的形成，是水到渠成的事情。

首先，我们要在自己所热爱的行业里深耕细作，让自己成为一个领域或一个行业的专业人士，这时候自然而然就会有人向你靠拢。许多很棒的公众号作者和文学网红，一开始在网上写东西，只是出于兴趣，根本没想过可以成名出书。但随着他们不断更新，不断练笔，文章越写越出色，接二连三被各种网站转载，人也小有名气之后，马上有许多粉丝请求交友，会有编辑联系他们谈出版、谈合作。

其次，当我们有一定的积淀和能力之后，乐于付出会让我们的价值得到更多体现。人的自我价值靠我们自己评定，但人的社会价值需要外人评定。在外人看来，一个人价值的大小往往取决于他贡献的大小。孙悟空学过七十二变的本领之后，想要在天庭谋一个职位，最后只得到了弼马温、看桃园这样的小差事，但当他保唐僧取经成功之后，被封为"斗战胜佛"，所以一个人社会价值的大小，往往不取决于他的能力。

最后，我们需要多读书、多表达，还要丰富自己的兴趣爱好，能够把自己推销出去，有时候一个性格内向，不善于推销和表达自己的人，往往会被直接忽略掉。酒香也怕巷子深，说的正是这个道理。

人脉的实质是价值交换，其存在的基础是社交双方对彼此价值的认可。在人际交往中，你可以从对方那里获得事业上的帮助，对方可以从你这里得到他想要的资源，你们就是彼此的人脉，而且是可以稳定输出长久发展的人脉。

网络上流行这样两句话，一句是：当你发出的光太少，不足以找到人脉的时候，那就把光转过来对准自己，持续照亮自己，因为当你足够亮时，就会有人看到你，找到你，进而帮助你。另一句是：你若盛开，蝴蝶自来。

拒绝≠绝交，不喜欢就干脆拒绝

我们经常会因为自己的事情分身乏术，而在我们正自顾不暇的时候，亲朋好友还会来添乱。今天需要给他参加某某比赛的孩子点赞，明天让帮忙在朋友圈转发一个广告。即便我们会因为时间和精力被占据而不高兴，生活会因此而混乱不堪，但作为一个好脾气的人，为了不自毁形象，我们只好照单全收。

我们为什么不拒绝呢？因为我们总以为拒绝别人就是没有尽到朋友的义务，没把对方当朋友，甚至会让对方误认为想要绝交。其实大可不必这样想。

古时候有一个叫微生的人，有一天朋友向他借醋。微生自己没有，转而去邻居家借，借到之后又转借给朋友。孔子很不认同微生这样处事，他说：有则借之，无则不妨辞之。

三毛曾说过：不要害怕拒绝别人，如果自己的理由出于正当。因为当一个人开口提出要求的时候，他的心里已经预备好了两种答案。所以给他任何一个其中的答案，都是意料之中的。

南怀瑾大师说：君子处世要讲究策略，面对朋友让你为难的请求，可以耐心劝诫，说明利害关系；可以迂回婉转地处理，巧妙地通过其他方式帮助朋友；也可以言明现实情况，让朋友了解你的难处。

害怕失去朋友，害怕伤害朋友而不拒绝，或者拒绝不明确，反而会失去朋友。

前段日子，林欢在逛商场的时候，碰到了一个远亲。两个人互相加了微信。这个远亲正在卖一种治疗高血压的养生内衣，远亲向林欢推销养生内衣，林欢向来不相信这些东西，可是没抹开面子直接拒绝，便说："我已经买过一套了，等什么时候这套旧了再买。同时林欢还保证，会问问身边的朋友是否有需要，需要的话介绍给远亲。"

从此以后，林欢隔三岔五便会被远亲安利一次内衣。

"最近在搞活动，要不要来一套？"

"身边有朋友需要吗？我可以打个6折。"

…………

每次，林欢都只能找借口搪塞。后来，林欢很久没有再收到对方消息，查看微信，发现对方已经把自己删除了。

不敢干脆地拒绝朋友，看似是为朋友着想，其实是太过看重自己的分量，以为自己的拒绝会让他人无所适从。害怕拒绝的心理，其本质上是因为自己内心受不了拒绝，所以也害怕别人受不了拒绝。这种心理特征在心理学上被称为"被拒敏感性"，在日常生活中被称为"死要面子活受罪"。碍于情面不懂得拒绝别人，到头来委屈的将是自己。

临睡前，同事发来信息，请你帮忙完成一份尚未做完的报表，你不好意思拒绝，接手后直到凌晨两点才睡觉。

关系一般的邻居，合家出门旅游，找你帮忙看护巨型宠物狗。你不喜欢狗，但不好意思拒绝。结果弄得家里到处都是狗毛，沙发、柜子腿也被抓破咬坏。邻居回来之后，你不好意思张口要钱，只能自己承受损失。

你一次次答应别人的要求，受了损失自己承担，故此，心里长出无数个解不开的结。而因为自己抹不开面子产生的后果，也只能由自己承担。

其实，拒绝这件事，越干脆越好。就好比你心里对一段感情已经有了答案，一开始就该直截了当告诉对方，无缘无故吊别人胃口，对双方都是一种伤害。快刀斩乱麻，知道不可以，那就连一丁点儿希望都别给。

拒绝也不会导致绝交，拒绝只是在特定的背景下，选择了一个恰当的时机，做出了一个合理的决定，你对对方坦诚，得到的一定会是理解和尊重。

小金是个设计师，为人干练，行事利索干脆。有一次一个朋友想请小金设计一个商标，可是没有提报酬的事。

小金直接就拒绝了，他说："这个忙我现在帮不了，公司最近忙，我排不出时间，但我可以帮你介绍一个技术好且价格公道的设计公司，应该可以给你一个满意的结果。"

事后，这个朋友不但没有因为小金的拒绝而疏远小金，反而十分感谢小金介绍了公司给他，还请小金吃了顿便饭。

对极简主义来说，拒绝是自己的权利，而且是就事论事，是从自己能力和意愿的角度来考虑的。当对方提出的要求超出了原则，或者超出我们能力和承受范围，我们都可以干脆拒绝。因为拒绝仅仅是一次不同意、一次分歧，但并不代表双方存在根本性的冲突，存在不可调和的矛盾，拒绝了朋友仍然可以当朋友。

你还在假装自己很合群吗

你喜欢美剧，可是身边的闺密都喜欢日韩综艺，为了能聊到一块儿，你便放弃了自己的美剧，去看他们心心念念的欧巴、欧吉桑。你喜欢看动漫电影，身边的人喜欢游戏和篮球，为了能玩到一块儿，你也在电脑上下了绝地求生，下了英雄联盟，也拖着弱小的身躯随着众人一起在球场上切入、快攻、单挡。步入大学之前，你告诉自己，我的生活不可以太颓废，不要经常上网、不要熬夜，要认真吃早饭，上课坐前排。然而真正走进校园之后，大家都上网、都熬夜、都不吃早饭、都上课靠后坐。你便也合群地成了大家中的一员。

我们不敢扪心自问自己是否真的喜欢这样，真的希望如此，还是觉得生活本该如此，否则便会显得很怪异。在小说《挪威的森林》中，主角渡边所上的大学，宿舍简直是一个垃圾场。学生们还在墙壁上贴满了暴露照片，一片乌烟瘴气。就是在这样的环境中，有一个被主角取名为"突击队"的学生，经常把屋子收拾得像太平间一样干净，他甚至连窗户都拆下来洗。学生们听到这个奇闻异事之后，评价说：他神经病啊！

我们为了融入社会、融入圈子，有时候无从选择，不得不强迫自己去迎合别人，假装自己的想法、步调与旁人没什么两样，假装自己好相处。我们自己潜意识里会觉得，看似不合群的人，都有点另类、不正常，我们私下里会议论，某某总是一个人独来独往。正因为我们深切感受到了被人背后议论的滋味，所以我们害怕不合群，我们装作很合群。

我们之所以假装合群，最害怕的莫过于被议论、受排挤。面对议论，陈涉曾给出过一个最经典的答复：燕雀安知鸿鹄之志哉！虽然我们不一定有鸿鹄之志，但是我们只要秉持自己的内心，我们只要知道自己想要的是什么，并且正在前往的路上，一样有资格说这句话。牛羊才成群结队，虎豹都是独行。敢于独行的，在精神上都是虎豹。

大家都在忙着考计算机二级，我也考一个，即便我还想学习一门新的外语；大家都在讲段子，我也讲一个，讲不出来，我便跟着一起哈哈大笑……这样盲从无我的人生不是很悲哀吗？

为了获得更多的认同，我们宁愿舍弃自己的是非观和内心感受，去换取在群体中的归属感和安全感。我们以为和大家一样，就不会感到焦虑，可是和大家一样，我们也失去了自我。而且事实上，我们也没法强行融入一个圈子，试想我们不喜欢这个圈子的聊天，不喜欢这个圈子玩的内容，那还有什么契机能让我们真正融入这个圈子，能和圈子里的人玩得来？我们一直跟不上步调，终将会渐行渐远。

我们完全没有必要这样假装。这样不随从本心，我们也不会发现自我，不会获得发自内心的快乐。《无声告白》中说：我们终此一生，就是要摆脱他人的期待，找到真正的自己。你要告诉自己，你真的不必假装很合群。与其假装合群，不如活出自我。

中国青年报报社社会调查中心曾经做过一次有关假装合群的问卷调查。2008 名受访者中，有 91.1% 坦言自己会假装合群，69.5% 认为假装合群会让自己觉得"心累"，64.7% 认为假装合群的人应该改变这种做法。所以大多数人还是厌倦假装合群，支持不必假装合群。

宋元之际，战火纷飞。有一天，学者许衡外出。天气炎热，行到中途，许衡口渴难耐，这时恰巧走过一片梨园。很多人在摘梨子解渴，唯独许衡不摘。有人问许衡为什么不摘梨解渴，许衡说梨子是有主人的。人们纷纷笑道："这样的乱世，还管这是谁的梨有什么用？"许衡说："梨虽无主，我心有主。"

在社会生活中，我们必须和各色人打交道，感到迷惑的时候，先不要盲从，问一问自己的内心，心中自有答案。

世界上没有两片完全相同的叶子，世界上找不出一模一样的人，这是造物主在用事实告诉我们，我们每一个人都该是不一样的烟火，都应该有属于自己的颜色。

《阿甘正传》里有两句对白让人回味无穷。

有人问阿甘："你长大后想成为什么样的人？"

阿甘反问道："什么意思，难道我以后就不可以成为我自己了吗？"

正如《倔强》这首歌里唱的那样："当我和世界不一样，那就让我不一样。"和大家一样，你会觉得自在，但放松做你自己，你会更加自信！

越是讨好别人，人际关系反而越差

具有讨好型人格的人往往忽略自己的感受，期望通过迎合他人，向他人妥协，甚至刻意贬低自己以获取他人的欢心。用这样的方式处理与他人的关系，只会让人际关系陷入僵局。正所谓越讨好，越被鄙视。

蒋方舟曾在《奇葩大会》上声称，恋爱的时候，男朋友在电话中骂她，她只会道歉，一直道歉两个小时，男朋友却觉得她很敷衍。她索性挂了电话，男朋友又打过来，她不接，男朋友一直打。看着手机屏幕上密密麻麻的来电显示，蒋方舟吓得周身战栗，却不敢直接和对方说：你不要再打了，再这样下去我会生气。

在人际交往中，你一味唯唯诺诺，唯命是从，不积极沟通，别人会认为你没有独立的思考，没有原则，同时你也会让对方无所适从，无法把握哪里是红线，不能碰；哪里有商量的空间，可以充分交流以达成共识。双方都无法在平等互惠的基础上一步步增加了解，增进感情。特别是发生冲突时，一味迁就会让人觉得你很敷衍，流于表面，态度不端正，根本没有拿出一个正确的姿态来正面问题。

更重要的是，你总是照顾他人的感受，看人脸色行事。长此以往，他人会形成习惯，不但不会因此而高看你，反而会觉得你低他一等。试想，如果有人称赞你某某方面干得真是出色，你是不是会自然而然觉得，这个人在这一方面不如你。同理，当我们去讨好他人的时候，其实已经在大张旗鼓地告诉人家，我不如你，所以我想通过讨好、赞扬你的方式来得到你的尊重和认同，然而这根本是不可能的，这只会让别人觉得你对他来说无足轻重、可有可无。

在接受、迎合与趋炎附势之中，你会失去自我，失去为人处世的方向，进而连为人的底线和尊严都会跟着失去。在越发得不到尊重和认同之后，你内心难受，莫衷一是，陷入茫然和混乱。

稳固良好的人际关系，通常都非刻意讨好而来，而是通过展现自我，彼此吸引而来。真正欣赏你的人，所欣赏的永远是你最值得崇拜和令人心生敬佩的样子，而绝不是你自我贬低、唯唯诺诺的样子。不讨好他人，把自己摆在平等恰当的位置，反而会得到支持和认可。

良好的人际关系并不需要讨好逢迎这么复杂，相反，它的建立十分轻松。

一段良好的人际关系，一定是在彼此真诚的基础上建立起来的。套路越多，越是属于隔靴搔痒，越看不到一个人的本来面目。有心理学家研究指出，在人际交往中，敢于透露自己的秘密，往往可以获得别人的真心。暴露秘密，就是在吐露内心世界。一个人在你面前，敢于表达自我，坦诚相见，你会下意识地觉得，这个人对你不设防，对你没有心机，你也会很容易敞开心扉，表达出你的真实想法。两个人彼此真诚，很容易便建立起信任，交流内心世界，也十分容易达成共识。

世上的人际关系纷繁复杂，你无法控制他人对你的看法，他人也没有义务完全认同和包容你。但你应该明白，你的价值不由任何人裁定，只由你自己评定，我们不需要讨好任何人，这样也会省去许多徘徊和顾虑。

而且即便有意讨好，也要突出重点和目的，也要明白，这里的讨好，并不是阿谀奉承、摇尾乞怜，而是要别人进一步了解你，进而尊重你，这也符合极简主义的处事原则。

总有些人走着走着就散了，那就随他去吧

总有一些人，你们曾经无话不谈，如今只剩点赞之交。你曾以为他会陪你走过漫漫人生，却走着走着就散了。

曾红英有一个从小好到大的闺蜜。最开始，两个人的友谊十分简单，一起上学，一起上厕所，一起聊天，每天都有很多话可说，很快乐。后来随着两个人长大，一个去了 A 市念大学，另一个去了 B 省念大学。身处异地，两个人各自的朋友圈都开始出现令彼此陌生的面孔。她们很少见面，但仍然会联系，会互相给对方的朋友圈默默点赞，碰到好笑的便随口评论两句。只是两个人交谈的话题只剩"你怎么样了"，和中学时期的某某某现在的状况如何如何。仅有的几次聚会，也都没有拍照，没有发朋友圈。现在，曾红英仍会为闺蜜的朋友圈点赞，但已经不再评论。

还有的闺蜜之间，变化更加剧烈，比如楚笑笑和莫文轩。两个人也是发小，且一直到各自大学毕业，关系都十分要好。然而毕业没多久，莫文轩便有了一个相当土豪的男朋友。身上的装扮马上从便装变成了国际大牌，脸上的化妆品也从便宜好用的国货变成精致的进口货。楚笑笑没法再和莫文轩聊哪家衣店打折、哪家饭馆地道好吃，也跟不上莫文轩逛街花钱的节奏。或许两个人初心未变，但身份的差距，会让一方连随便的一个张口都要在心里反复掂量几个来回。试问这样的友谊里还剩多少友情？

确实，有时候失去一个好朋友比失去一个恋人还要让人无法割舍。我们难过，不是因为不知道问题出在哪里，而是因为我们无力挽回，只能放任它就这样离去。

从每天见她到每天见她发的朋友圈；从看她发着熟悉的生活照，到突然有一天发现她穿了一件你没见过的裙子；从发现她的身边出现了陌生的身影，而她依然笑靥如花……有时候你遇到了困难，你不知道怎么向她开口，因为她没在你身边，不了解始末，无法感同身受。有时候她发了悲伤的言论，你也不知道你的问候对她而言会不会是一种打扰。

想想儿时的玩伴、曾经的知己，又或者曾经让你认为至死不渝的感情，现在还有多少留存？还有多少依然在你生命的舞台上，扮演着重要的角色？随着时间的推移，很多人会像潮水一样退去，淡化成为我们人生的背景色。随着经历、地位的变化，朋友之间能聊的话题可能会越来越少，你的苦恼他理解不了，他的迷惘在你看来也许是一种炫耀，最后我们只能一次又一次尴尬地叙旧，但朋友是需要交换观点并相互认同的。渐行渐远，不如相忘于江湖。

为什么再好的朋友都会疏远？

美国心理学家霍曼斯用"强化原理"对这一问题进行了比较合理的解释。所谓强化，举例来说：在日常交往中，一个人比较害羞、不善言谈，他便希望有个对人热情、妙语连珠的人来当朋友，以期自己在与对方的交往中可以获得快乐，走出相对孤独的环境。这里的快乐就相当于霍曼斯的"强化"。

霍曼斯认为，在朋友关系中，如果一方无法给予另一方足够的强化，又或者强化一直不及时，会令彼此疏远。此外，人在不同阶段，所需要的强化也会变化，某一种强化在上一时期可能是强化，在下一时期也许就变成了惩罚，这也会导致朋友之间渐行渐远。

因此，人们之所以会在某一时期成为朋友，是因为刚刚好在这一时期，彼此都可以从对方身上得到所需要的强化。我们逐渐走散，和结交新的朋友，也是因为同样的理由。这样看来，有时候分离也是值得庆祝的，这说明彼此都没有一成不变。

一些朋友的离去，就像秋天树叶飘落，我们能做的只有接受。苏轼有言：人生到处知何似，应似飞鸿踏雪泥。人生的相遇和离散也是如此，如飞鸿一般，偶然落地，随机停栖，留有些许痕迹。所以不必太过在意，也不能过分勉强。一切遵从缘分的安排，该来的双手欢迎，要去的不必强留。

有人说：世间最痛苦的不是分离，而是分离之后，根深蒂固的回忆与梦魇般的纠缠不清。不能遗忘，也无法释怀。但该放手的时候犹豫不决，把自己纠缠在思绪里无法自拔,这样的人生又怎么会简单和快乐?

生命中无论遇见谁,无论曾经有过多少频繁的交往、多少密切的接触,但只要过去了,随着时间的流逝,留存下来的只会是越来越浓重的陌生感。现实终将会告诉你,经历过多后,对人对事,执念越浅越少受无谓的伤害。

每个故事的开始都来自上一个故事的结束。朋友并不是说一直在一起才是圆满,笑对相遇和离别,果断和过去的感情说再见,才能在心头永远留着温暖的光。有些人走着走着就散了,那么想着想着你就忘了他最好。勇于尝试、勇于接纳新的关系,你会发现人生到处是风景。

正如张嘉佳在《从你的全世界中路过》中所说:"人生不过是场旅行,我路过你,你路过我,如此而已。"渐行渐远的关系就果断放手,只有不怕失去,才能拥有更多。

永远不和烂人纠缠,因为不值得

在超市里、在地铁上,因为有人插队、抢位置而从言语冲突上升为肢体冲突,最终大打出手,一个身受重伤,另一个被依法拘留;还有的公交车司机,因为有人超车这样的小事,而在大马路上与对方上演"速度与激情",不顾一车乘客的人身安全,最终都是两败俱伤。

大卫·波莱写过一本书,叫《垃圾车法则》,书中有这样一段话:这个世界上,有许多的人就像垃圾车,他们装满了垃圾四处奔走,充满懊悔、愤怒、失望的情绪。随着垃圾越堆越高,他们就需要找地方倾倒,释放出来。如果你给他们机会,他们就会把垃圾一股脑儿倾倒在你身上。这就是有名的"垃圾人定律"。

不是什么人都配做你的对手,不要与那些没有素质的人纠缠不休。这些人往往以自我为中心,而且价值观偏激,浑身都是怨气,很容易迁怒于他人。尼采说：当你在凝望深渊的时候，深渊也正在凝望着你。同理，要是你不放过烂人烂事，他们也会和你纠缠一辈子，你这一生便都将在垃圾堆中度日。人生最最不该干的事情，就是遇事不让，逢坎必踩，非得较个真，搞得身心俱疲，最后身受重伤，追悔莫及。

有一个段子十分有趣。

话说有两个人，一个人说 3×8=24，另一个人说 3×8=21，两个人吵了半天，争不出个结果，便去官府，请县太爷评定是非曲直。

县太爷听完经过后，令人把那个说 24 的拖出去打 20 大板。

挨过板子之后，这个人心中疑惑：明明自己的答案正确，怎么反而被打？便去请教县太爷原因。

县太爷说：你是个明白人，居然和蠢人争论半天，当然打你。

如果明知道对方是垃圾人，还想和对方讲理纠缠，无疑是对牛弹琴。活得通透的极简主义者，都懂得适时放开那些烂人烂事。

有一次，国学泰斗季羡林老先生和作家臧克家在一个小饭馆里吃饭。旁边坐着一对母子正在用餐。

其间，小孩子的母亲起身去了卫生间。在这个空隙，小孩子伸手去拿桌上的花生米，不料身子一滑，发生了侧翻，整个人都摔倒在地，立马疼得大哭起来。

季羡林看见后，连忙走过去把小家伙扶起。这时，恰好孩子的母亲回来。见此情景，还以为是季羡林在欺负她的孩子，破口骂道："你好大一个人，欺负小孩子不害臊吗？"

季羡林没有反驳，静静地走回了自己的座位，孩子的母亲却一直喋喋不休，口出不逊。周围的人看不下去了，纷纷指责小孩子的母亲说："是你的孩子自己摔倒了，这位先生好心扶了起来，你不领情也就算了，还这样骂骂咧咧，哪有你这样的人！"

听到众人如此说，母亲脸上挂不住，连忙拉起孩子走了。

后来，臧克家问季羡林："你都被人误解了，怎么也不解释一下？"

季羡林说："和一个一张嘴就骂你的人解释，你并不能澄清自己，得到的只会是无休止的争辩。"

刘成刚被调到公司的时候，经常受一个老同事欺负。无论工作还是杂事，他都推给刘成处理，刘成干得好，是他的功劳；刘成干砸了，老同事添油加醋报告给上级。

刘成经常在新同事群里大骂这位老同事，同事们纷纷为他抱不平，说："再如何如何直接硬怼回去。"

刘成却说："这货就是一摊狗屎，我踩上去，鞋就脏了，平白拉低我的档次。"

烂人的思维方式我们永远无法理解，他和我们之间隔着一条叫作善良的河。真正成熟的人，很容易便在这些烂人烂事上面妥协，这倒不是怕，只是不屑于纠缠。要知道，这个世界上从来不缺烂人烂事，缺的是容忍烂人烂事的气度和品德。

这是你的人生，你不欠任何人一个解释

颜宁是一位颇具传奇色彩的女性。她在30岁的时候便当选清华大学历史上最年轻的博导。40岁的时候，她离开清华，远赴美国，成为普林斯顿大学终身讲习教授。

然而，就是这样一位优秀的女性，被社交媒体广为关注和评论的却是她为何不结婚？

颜宁对此的回应是："我不结婚，我不欠谁一个解释。"

不错，谁也没有权力代替我们去活，别人可以对我们的行为评头论足，

指指点点，但我们没有义务向他人去解释自己的行为。面对质疑和不解，我们需要做的只是遵从自己的本心，过好自己的人生。

著名央视节目主持人张宏民，因为主持《新闻联播》节目而为广大电视观众所熟知。他声音厚实，外形帅气，主持形象已经深入人心。如今，张宏民已经退居二线，开始享受晚年生活。

让人意想不到的是，有一次，张宏民一个人坐在长椅上吃雪糕的样子，被网友拍成照片和短视频传到网上，引发了热议。一时之间，张宏民被网友们称为"晚景凄凉""聪明人干了糊涂事""人生不完满"。因为他没有结婚，也没有养育自己的子女，所以一个人的身影看似十分"孤独"。

不过在张宏民自己看来，他的生活很闲适，他也没有感受到网友们口中的"凄凉"。他没有为了让网友们相信自己并不孤独和苦闷而出来解释一番，这反而会打破他平静的生活。

你的人生不需要解释。我们每一个人的人生都是不同的，特别是有些时候，我们因为条件、境遇的不同，过上了一般人看似不合理且无法理解的生活，那只是因为他们没有经历过你的经历，所以无法理解，我们也不需要所有人理解，更无须回应质疑。

首先我们不需要解释，因为这是我们自己的人生。其次是我们无法解释，因为外人有自己特定的观察视角，他永远无法设身处地地站在我们的角度看问题。不管你多么单纯，遇到险恶的人，他也会说你工于心计。不管你多么诚恳，遇到多疑的人，他也认为你矫揉造作。

懂你的人自然会懂，不懂你的人，解释再多他也不会相信，只是枉费唇舌，浪费口水，对牛弹琴。

颜宁说：一个人选择去做全职妈妈，或选择去做文职人员，这都没有问题。关键这是你独立审慎思考之下的选择，而不是你屈服于家庭、社会压力的无奈之举。只要你遵从了你的内心，你的任何选择都是正确的。

是的，不管你结不结婚、生不生子、工不工作、追不追求人生理想，你都应该得到祝福，你都应该为自己祝福，因为你在慎重考虑之后，走上了自己想要的那条路。

其实，任何一件事情，任何一个时期，我们无论做得多差或者多好，多失败或者多成功，总有人会对我们微笑，也总有人会对我们不满。总有人会认为我们的人生有遗憾和缺陷，但失败并没有确定的含义，成功也不是我们向外人交的答卷。路是自己的，不必在别人的言语中框定自己的方向，不要过分看重这些质疑，只把这些质疑当作观察自己人生的一个视角就好。

《明朝那些事儿》的作者当年明月说：成功只有一种，那就是用自己喜欢的方式度过一生。所以，当我们正在按自己喜欢的方式，正在遵循着自己的内心生活，我们还解释什么呢？我们什么也不需要解释。

第四章

多点钝感力,
别让情绪内耗榨干你

换个角度和想法，你就不生气了

台湾漫画家蔡志忠曾说："如果拿橘子来比喻人生，一种橘子大而酸，一种橘子小而甜。一些人拿到大的就会抱怨酸，拿到甜的又会抱怨小。而我拿到了小橘子会庆幸它是甜的，拿到酸橘子会感谢它是大的。"

这就是角度带来的改变。从不同的角度看问题，结论不同，导致的心态自然不同。如果你一直抱怨网购的鞋子不合脚，便怎么也想不通，除了失望就是失望。但如果你换个角度想，庆幸卖家支持退换，又有运费险，你自然豁然开朗，心里想通了许多，便不会郁闷。

如果本来的思考角度非常消极时，换个角度和想法，就会让你重新变得积极乐观。

辰龙在一家酒吧驻唱，虽然收入不高，但他总是笑嘻嘻的，对什么事都表现得很乐观。他的口头禅是："世事无常，做人就得看开点。"

辰龙很喜欢汽车，但靠他那点工资，连一辆五六万元的汽车也买不起。他经常和朋友们谈论一些关于汽车的知识，大家都知道他爱车如狂，便有人打趣道："你去买彩票吧，也许能中个头奖，所有问题不就解决了？"

原本是打趣的话，辰龙却真去买了张彩票，也许是老天垂怜，竟真让他中了10万元。辰龙用这些钱买了自己人生中第一辆车，爱惜得不得了，闲暇时总要开出去到处转转。

然而有一天，他把车停在路旁，一场狂暴冰雹来得太突然，车被砸得面目全非。朋友们知道后，担心他太难受，便发消息安慰："别难过，以后想开车，哥们儿的钥匙全天候着。"

辰龙发个笑脸过去："我有啥好难过的？多大点事儿啊！"

朋友们以为他受刺激过度，觉得他可能有点反常，就不停地安慰。

辰龙问："你们谁丢了5元钱，会难受得死去活来的？"

朋友们回复："那自然不难受啊！"

辰龙道："这不就得了，我不就是丢了5元钱嘛。"

朋友们恍然大悟，个个发来捧腹大笑的图："对，你确实只丢了5元钱。"

只需换个角度，生活中那些负面情绪就可以轻松地丢掉，痛苦也可以变成快乐。当你学会从不同角度去观察、发现，便可游刃有余地掌握好心态的走向。拥有正确的态度，填满快乐的心境，人生就将只有美好和圆满。

只不过一直以来，我们太习惯思维定式，认为真相就是一眼看穿的。其实，很多事都有多面角度，我们要做的是冲破传统思维的束缚，打开新视野，习惯去换角度观察和思考。

但是，真正要做到换角度思考问题，也非易事。

心理学规律发现，每个人都很难跳出"我"的角度，凡事喜欢以"我"为角度，作为对好坏或对错的直接判定。

首先，换个角度和想法，其实是在提醒我们不要只注重问题表面，要跳出"我"的核心，以旁观者的角度综观整个事件始末。然后，冷静分析事情为何会发展到现在这个状态，这个结果又会持续多久，如果中途断掉，又会朝什么方向发展。当然，这个旁观者可以是多角色：局外人、对方，或者自己。

其次，要懂得心理换位。"自私"是人的本性，尤其当利益发生冲突时，每个人都会自我维护，于是，各抒己见，互不相让，最终导致关系恶化。从心理学分析，人际关系的恶化，不仅有害于心理健康，还不利于个人成长，而导致无快乐可言。所以，要避免这种事，我们就要学会站在对方立场去想。

比如，当上司屡次驳回你的项目调研报告时，不要满心不悦或气馁，应该想：上司这是在锻炼我的能力，有驳回就代表有问题，总比石沉大海好，看来我还有很多方面不足；当借出去的钱，对方从不提还钱时，应该想：他一定很困难，相较而言，我的日子好过多了，就当他帮我存钱了，也许有天会成为救急款；楼下等着女朋友出门，足足等了1小时，还不见人影，先别急着发火，要这样想：她这是要把自己打扮成仙，好吊足我胃口，带出去，我们就是一对金童玉女。

学会站在别人的立场看一看、想一想，很多新突破就藏在那些不同的视角里。同时，你也会获得更多回报。

想一想，这时候我们若没有换位思考，又会怎么样呢？

人与人的情绪枢纽都是相似的，也正因为相似，才会为了仅仅是鸡毛蒜皮的小事争得面红耳赤。但是，对待问题，关键是我们从什么样的角度去看、去想，这将影响你我的一生。

放弃喜欢每个人的幻想

某在校大学生说自己的一个室友，管得很宽，而且喜欢到处说人是非，两面三刀。自己很讨厌她，但住一个寝室，又免不了打交道，难道只能一直压抑自己吗？怎么才能改变对她的看法呢？答案众说纷纭，其中一个赞量高的网友引用了高晓松的"玄学理论"，大意是：无论我们处在什么样的环境或圈子里，都会以相同的频率遇到几个不喜欢的人。即便你拉黑了一个，还会有另一个快速补位。所以，不要幻想我们遇到的每个人都是自己喜欢的。不存幻想，没有期待，就不会影响到个人情绪。

谁都期望遇到的人合心意，但实际情况是，我们遇到的人不一定都是自己喜欢的。尤其在职场上，总有同事的行事风格让自己看不惯，却依然无可避免要与其共事、合作。有时就因为对方说了几句损话而火冒三丈，失去理智去辩解或互怼，结果伤了自己的心情，也失了体面。

放弃喜欢每个人的幻想。心理学家指出，和谐融洽的团队是不存在的。人的价值观不可能一致，分歧不可能停止，因此我们总会遇到难相处的人。所以，只想简单快乐地工作，不受情绪干扰，首先要大方承认人与人之间存在的差异性，接纳彼此的不同。

人生七苦当中的"怨憎会"，说的就是我们没办法避开冤家、难相处和不喜欢的人或事，于是产生了苦。但苦多源于排斥，消融于接纳。接纳自己，接纳你就是不喜欢他，也不喜欢和他共事这件事情。先接纳你就是这样一个人，尊重你目前的状况，尊重这个缘由，并尊重对方，他之所以成为这个样子，必然有因。

你讨厌他，但你并不了解和清楚有关于他曾遭遇的一切，要学会思虑和体谅每个人掩藏于身后的无可奈何。人因共情而共勉之，抵触情绪便会慢慢淡化，令我们更从容、淡定。

也许你看他不顺眼，或他看你不爽，无论哪种情况，放轻松点，你不需要去喜欢隔壁座位上那个两面三刀的人，意识到这一点，抬头不见低头见时，心理情绪也不会有太大波动。

另外，在免不了与不喜欢的人接触的过程中，我们要注意以下几点。

1. 学会尊重对方

你不喜欢的人不代表他身上没有优点和其他品质。我们不能局限于局部的认知和判断，凭潜意识想象而得出印象，这就很容易造成莫名其妙的偏见或成见。所以，对不喜欢的人，我们既不否定，也不用去证实什么。尊重对方，对其保持礼貌。尤其在职场上，要有气度和容忍量，允许人家发表不同意见，并合理听取和采纳，这才能体现一个人的专业素养。

2. 不正面冲突

当你发现自己不喜欢的人也开始对你冷淡的时候，就表示你的不喜欢太明显。无论在任何环境中，造就一个人的不喜欢，绝不是一件好事，也有可能给自己带来麻烦。所以，尽管不喜欢，也别表现出来。管好自己的表情和嘴巴，不直接交恶。若人家需要你帮忙，伸手帮一把，所谓和睦，不需要过度热情，保持点头之交即可。

3. 保持距离

当你觉得怎么做都是徒劳时，就保持一段安全距离。把心思放在自己的工作上或更感兴趣的地方，不去关注一个讨厌的人的动向，学会不动声色拉开距离，或坐或站，离他远一些。如无必要，就别接触。

奇葩的人，到处有。我们不可能喜欢每一个人，就如同不是每个人都喜欢我们一样。但是，别寄希望对方会改变。想要扔掉烦恼，最简单的方法是改变自己的态度和做法。

村上春树曾说："并不是所有的鱼都生活在同一片海域。"道不同不相为谋，对不喜欢的人，没必要什么事都论出个对错，想要生活变得简单快乐，就不要跟不喜欢的人纠缠不清。

接纳坏情绪，然后告诉它你不需要它

张德芬在《遇见未知的自己》里提到，好情绪或坏情绪，都是一种能量，它们会来，就一定会走。试着把坏情绪写下来，比如，我很焦虑，我全心地接纳这种坏情绪，但我会放下它，不需要它。然后，每天写，每天念。不久后你会发现，你变得很轻松，那个坏情绪虽然并未消失，偶尔还会冒出来，但你不会再沉迷进去。

对坏情绪，不需要忘记或逃避，更不需要自责，要做的是接纳。

心理咨询师武志红在《感谢自己的不完美》中写着："悲伤流动就意味着，我们接受了丧失、接受了失去。悲伤的流动是需要时间的，所以巨大的失去引起巨大的悲伤，而巨大的悲伤在一定的时间内流完，悲伤也走完了自己的过程。"

所有出现的情绪，是因为被需要才会出现。让它自然存在，让它走完它该走的过程。慢慢地，它才会消失不见。所以，学会去做个不动声色的人，理性面对自己的坏情绪，容忍它的存在，这虽然很累，却是另一种获得幸福的方式。

为什么有的人经历痛苦后，只会变得更痛苦？是因为抗拒，"抗拒的必将持续"。对已经发生的事，是不能改变的，所以事实最大。你被坏情绪快折磨疯了，便是源于对事实的抗拒。越抗拒，情绪波动越大越持久。

王祖阳准备好一包行囊、一辆自行车，骑行去西藏旅游，可人还没到目的地，除了自行车，其余所有的东西都被偷了。站在荒无人烟的戈壁滩上，所有情绪被狂躁化、被极端化，他骂到嘴皮子裂开，恨不得立马就回家。但他依然朝着布达拉宫的方向去了。他靠着一路去借，硬是走完了接下来的路程。后来他回忆那段经历，说："虽然我很愤怒、难过，但所有的不开心都被沿途美丽的风景净化了。那段不快的经历成了我人生旅途中的一个故事，我偶尔会说起它，只是不再有那时的感觉。"

也许经历不美，也许遭遇不佳，也许情绪就在那一刻崩盘，但事已至此，你要做的不是向命运妥协，而是臣服于事实。不伪装快乐，不掩饰悲伤，让它大方地露出来，变得真切纯粹，这不会显得你无能。坦然接受事实的存在，就等于接受了坏情绪，这样你才能重新出发，得到治愈的机会会更多一些。一切的风轻云淡，源于接受后，再出发。

坏情绪的极简，实则就是接受的过程。我们常说"要控制你的情绪"，想要对情绪有控制权，首先是接纳它，纳为己有，才有资格谈控制。很多人习惯把坏情绪当成侵略者。例如，跟亲朋好友发生口角的时候，矛盾激化得越剧烈，我们越想着如何去伤害对方，于是破口大骂。可等到这件事过后，我们才发现是那么不值得。后悔的同时，我们又会想，如果那时能克制住，也许结果就不一样了。再之后，就是各种自我埋怨："都是情绪不好惹的祸。"

坏情绪不是侵略者，因为侵略者是外来物，而坏情绪本身就潜藏在每个人体内。所以，我们必须明白这一点，坏情绪是我们自身携带的，想要克制它出没，就要意识到它的存在。随着事态朝不好的方向发展，深呼吸，对自己说"我不需要你，别出来"。什么是好心态？说白了就是对情绪的自控，让它学会不动声色。正如村上春树所说："要做个不动声色的大人，不准情绪化，不准想念，不准回头看。"

不必过度担忧

适度担忧是一种忧患意识，但过度担忧只会消耗我们的心理能量，引发各种疲惫状态。从心理学角度看，一个人越担忧什么，便越强化什么。墨菲定律亦曾写道："如果你总是担心某种情况发生，那么它就更有可能发生。"

比如，当你过十字路口时，总希望对面不要有车转弯，但就是在你即将转弯时，对面驶来了一辆车；叮嘱自己写文案时千万不要有错别字，即便校对数遍，依然有错；入睡前总提醒自己别胡思乱想，反而想得越多……似乎所有不愿发生的事，都因担忧而来。如老话说的"怕什么来什么"，弄得自己十分焦虑。其实很多问题都是因过度担忧造成的，而问题本身其实并不存在。要学会有意识地识别和面对恐惧，该来的总会来，既来之则安之，能被称作问题的问题都会有解决方法，没必要过度担忧。

当我们感觉焦虑、压力已经达到让自己患得患失的地步时，赶快抬抬头，清空大脑的思绪，别让自己沉浸其中。否则不仅会让自己陷入负面情绪中周而复始，还会延误正事。

小陈有个项目，觉得很有发展前景，值得投资，但是他一直不敢把项目报告发给上司。其实就是问个结果，"行"还是"不行"。但是他太纠结了，他觉得周六周日不能发，那是上司的私人时间。周一周二也不能发，上司肯定特别忙。周三发？那天万一上司心情不好咋办？小陈在心里默念着天时、地利、人和。直到一周时间快过去了，终于不能再拖了，他咬着牙发了过去。第二天收到上司回件："通过，大胆去做吧。"他殚精竭虑了多个日日夜夜的事情，老板几个字就把问题解决了。

很多时候，你觉得难的、想逃避的，找各种理由拖延的问题，也许只需要5分钟时间便可以解决清楚，因为大部分困难是自己臆想出来的。所以，遇到事情的时候，别再躲避或拖延，你躲得了一时却躲不了一世，想到了就去做。

一位心理学家做了个实验，他要求接受实验的人群在每个周末晚上，把未来一周的烦恼都写下来，然后投进一个大箱子里。三个星期过后，心理学家当着大家的面拆开箱子，让实验者把曾经写的烦恼念出来。结果大家发现，其中90%的烦恼从未发生过。心理学家又要求大家把烦恼再次丢进箱子里。又过了三周，当实验者们再次念起曾经的烦恼，大部分人觉得很可笑，都想不起来自己为何会把那些事情看作烦恼了。

人的大脑常会出现一些不合理的情绪思路，比如"可怕化""或许化"等。尽管事实并非如此，但我们习惯跟着情绪思路思考问题，对事实进行歪曲解读，化出一些"担心"的想法。据统计，常人的忧虑40%属于过去，50%属于未来，只有10%属于当下。并且，90%的忧虑并不会发生。

退回几年前，曾经让张硕感到忧心忡忡的事情：担心自己买不起房子，担心找不到适合的人生伴侣,甚至担心自己的孩子出生后有什么问题。现在,再回头看这些事情,他当时的那些担心统统都很多余。他现在有房有车,有个优秀的伴侣,孩子都已经两周岁了,健健康康的。

如果你是个很敏感的人,特别容易焦虑,你不妨试着回想一下:上周你所担心的事,这周已经没什么问题地过去了。而这周你正在担心的问题,在下周势必也会自然而然地过去。

古人云:"世上本无事,庸人自扰之",而无知者方无畏。有恐惧心理也不是什么大事,以平常心待之即可。一件事,一个表白,不是什么难事。不必瞻前顾后,爽快点,你想得到的答案,都会以一种很平静的方式与你见面。

当你越努力越焦虑,最好的治愈是专注当下

一条由微信自媒体公众号"视觉志"发布的视频文章:《凌晨三点不回家:成年人的世界是你想不到的心酸》,刚发布便迅速刷爆了朋友圈。视频里一个又一个的小故事描绘着北上广的凌晨依然灯火通明:加班熬夜赶项目稿件;夹在合作方和老板之间来回转;工作和家庭矛盾重重……视频内容引发无数青年共鸣,而舆论则质疑自媒体是在贩卖焦虑。可尽管"万人嘲讽",却依然获赞"10万+"。

一直以来,我们觉得只有努力才是缓解焦虑的药方。我们正视理想和现实之间的真空,想到只有拼尽全力填平那个真空地带,焦虑才会消失,但往往事与愿违。因为越努力,反而越焦虑。

于是有人问:"我已经把自己逼到退无可退的地步,为什么更痛苦了?"

管理、税法、会计、经济法、财务、计算机、英语过级……用一双手数不过来的考试已经伴随牟晓华4年了。牟晓华一直想通过那些证书来证

明自己很强，可以跳到薪资更高的企业。所以，她多年来天天熬夜刷网课，做各种试题。她说："努力这么久，我却看不到回报，所以对未来很焦虑。我有时也觉得自己很奇怪，今天争分夺秒，明天自暴自弃，这种心态让我几次濒临崩溃的边缘。"

一个人的努力，源于高目标，或者说是自我要求高。而努力，便是一个反复设立目标到实现目标的过程。但如果要求太高，你难以企及，短期内看不到任何回报，自然会痛苦。你会忍不住自我怀疑，怀疑自己的能力，怀疑自己的方向。自疑就这样随着时间推移，不断加深矛盾升级，焦虑便由此而来。而越努力，痛苦程度就越深，焦虑感就越激化。

关于"越努力，越焦虑"的话题，知乎平台上回答千万条，不少网友直呼"太扎心了"。

心理学教授黄亚夫先生认为，越努力越焦虑的人，往往不够专注。他说："在心理学上，幸福感，是靠投入而来的。比如说我投入了很多的心血，它无论产生什么样的结果，我都会非常认可，产生价值感。而现在有些年轻人，他们虽然努力，却不专注，他们奔着很多机会去，却没有坚持，没有投入更多的心血。所以就不会产生幸福感的质变，因此焦虑持续存在，甚至陷入恶性循环。"

我们应该给自己的努力贴上专注的标签，专注于当下自己正在攀爬的过程。虽然依然痛苦，但看着自己一点一点进步，获得感会以肉眼可及的速度提升，于是，我们虽痛却快乐着。

所以，与其追求下一秒的成功，不如专注于当下正在努力的过程。

一次采访中，记者发现让人们真正焦虑的不是"凌晨三点还在工作"的疲惫，而是"我一定更成功"的想法。

一个叫顾程程的白领说："当我看到同期毕业的同学，有的已经创业小成，有的收入可观，已经积累了相当多的财富。这越来越大的差距感，让我总是怀疑自己无能，怀疑自己入错了行业。"

俗话说："没有对比就没有伤害。"在互联网信息发达的今天，我们足不出户便能看到一个丰富多彩的世界，那些高标准也成为激励我们前进的动力。但是，物质化成功的信息只催生了我们物质化的成功观，在精神上并没有达到同期。于是，收获的幸福感就打了折扣。我们应该调整自己对成功的认知，摒弃物质性、功利性的因素。成功应体现在对美好品质的获得和实现上，如创造、信心、付出、品性等当下正在进行中的好状态。

放慢自己对成功的速度，不去对抗焦虑，才能化解焦虑。我们从小就知道"心急吃不了热豆腐"，现在也不该忘记，成功不可能一蹴而就。若我们把正在奋斗的过程看作一种收获，焦虑感自然减轻。其实，我们一直都走在成功的路上，我们只需继续沿着路线，一边欣赏一边前进，未曾偏离轨道，便无须忧患。

我们大部分的烦恼源于太想要控制那些本就控制不住的东西，对那些信手拈来的东西却视而不见，就像两条思维线，一条远思维，一条近思维。远的思维充满未知、抽象，却很美好；近的思维真实、触手可及，却稀松平常。我们焦虑是因为经常想那些遥远的，对近处的、正在发生的却视而不见。

在《正念的奇迹》这本书中，一行禅师认为，人就要学会专注自己的每一个当下，如吃、穿、坐、卧。吃饭就是吃饭，好好感受饭菜的香味；洗碗就是洗碗，好好专注自己的每一个动作。专注于当下，包括你走路的时候，要仔细感受你经过的风景。

不少人知道乔布斯有参禅打坐的习惯。他为什么喜欢参禅打坐呢？因为参禅打坐可以让他收敛心神，静下来，把自己的全部注意力都转移到当下，这样就不会被未知的、杂七杂八的事情打扰，便于厘清产品的生产思路和发展策略。

专注于当下，才能让我们的思路更清晰，没有重负，则没有焦虑。比如，减肥、成长，都不是能够立竿见影的事。慢慢来，每天进步一点点，感受清风徐来、阳光温暖的舒适，人一定要活得轻松快乐。别再给自己强行贴上"努力"的标签，专注眼前的事，忘掉不可预期的努力。你现在迈出去的每一步亦是努力着，好好活在有你所在的每一个"现场"就够了。

试着把烦恼写下来：有针对性地调整现状

人之所以容易陷入烦恼的迷障中，是因为一直没搞清楚一些关键性问题，如："我的这些情绪都是什么？""我为什么会出现这些情绪？"

有一种非常简单的练习，可以帮助你找到坏情绪的根由，并改善情绪。这个练习就是——写情绪日记。

情绪日记不是我们平时随手写下的随笔或感慨，确切地说，情绪日记下笔时要围绕着我们的感受，识别我们的情绪触发点。

一位心理咨询师曾说："当你习惯性地把自己的感受和想法记录下来，你就能对自己的情绪进行全面追踪，发现触发情绪的因素（某人或某个地方或某件事），并识别出让你产生负面情绪的信号。"

何倩最近很无精打采，她莫名感到厌烦、忧郁。于是，她准备了一支笔和一张纸，写起了日记：

下班后，走出大楼的那一瞬间，突然觉得很没意思，感觉离开工作场所，令自己失去了价值。接下来，谁会需要我呢？我很不开心，思想也跟着消极，觉得什么事都是错的。想去沙县小吃打包一份盖饭，结果关门了，退而求其次买了拉面。其实，我更想空手回家，可我却买了东西，脚步沉重地往家走。

刚回到家就接到了妈妈的电话，她说，前阵子听张阿姨儿子说，早教专家如何如何。妈妈觉得我更适合做，因为她觉得我的水平比他们强。而这消息更令我沮丧，觉得自己总是选错位置。心中更是恨极了自己，做什么心理咨询师，做早教不是更好吗？为何我总是和赚钱的行业擦肩而过呢？你也许觉得好笑，心理咨询师居然也如此消极？我也是普通人，有普通人的弱点和烦恼。

妈妈安慰我说，她前段时间去看我外婆，外婆问起我的情况，妈妈说我工作挺轻松的。外婆很欣慰，她说："工作不辛苦就好，其他事可以慢慢来。"大概是过去我在跨国公司又忙又累，让她担心了。听妈妈这样说，我鼻头都酸了。

不知怎么的，写到这里，我心情顺畅多了。从本质上来看，我并没有什么不开心的事。情绪上的事儿，就像台风一样突如其来，又说走就走。写第一个字的时候还乌云罩顶，现在暖阳初上了。

不论你用的是纸笔还是键盘，写日记本身就有很好的治愈效果。

首先，把烦恼写下来的行为是对情绪的一种调节方式。在对自身经历和感受记录的过程当中，我们已经从自身情绪中抽离出来，而不是深陷其中，为自己的坏情绪找爆发的理由。

其次，在写的过程当中，我们会对正在进行的事进行梳理，等于在梳理情绪。按照认知流派的情绪理论说，情绪并非由事件产生，而是由我们对事件的态度生成。

如一对情侣吵架，女孩认为自己没错，是男孩不对，这可以让女孩肯定自我的存在和价值感，而男孩平时却有做得不对的地方：忘了女友的喜好，在女友难过时不在身边，等等。女孩认为自己为男孩牺牲了青春和自由，她在什么时候对他有多好……于是越想越气，气得恨不得揍男孩一顿。

事件起因是吵架，女孩的想法是男友对不起她，引发的情绪是愤怒。

当女孩开始书写，她会从"他不理解我，从没满足过我的需求，到柱费我'那时候'对他那么好"的负面思维中慢慢走出来，渐渐进入事情的产生、发展、结尾中去。在描述的过程中，女孩会在不知不觉中有针对性地调节自己的情绪。如，偶尔良心发现下，察觉到事情也没有多糟糕，男友也有对她嘘寒问暖的时候。于是，女孩在感受事件中感受到了情绪，并将其整理顺当，把负面情绪宣泄了出去，尤其对男友的各种"凌迟"提升了女孩的满足感。于是，女孩的态度发生了转变，那看得见的愤怒慢慢被软化、消除。

书写其实就是倾诉。找到一个树洞，把那些不足对外人道来的情绪全部倒进去，通过疏通和发泄情绪，去调节情绪。白纸黑字的过程中，原来如洪荒猛兽的委屈或烦躁，会慢慢退化成一只绵软温顺的羊羔。从精神分析的角度论，书写还会起到升级防御的作用，让那些令自己难受的东西转化成被身心认可的东西，并且一直伴随自己的成长，形成一道道免疫系统。

当你烦恼又不知该如何是好的时候，找个安静的地方，把烦恼一一写下来。书写可以帮助我们看清问题，有时还会给我们增加自信，烦恼的事会像叶脉一样有条理，这样我们就可以有针对性地解决那些烦恼，让我们从消极状态转入积极状态。当然，有时靠书写并不能立竿见影，但是别灰心，继续写下去，尽情表达自己，文字会是最理解你的倾听者。

你放不下的不是对方，而是自己的执念

一个叫梦妍的女孩说："失恋后，第一天想他，第二天想他，第三天想他……七年了，我枕边已然有了伴侣，彼此相爱，家庭和睦，可总在某个不经意的瞬间，我依然会想起他。有时会幻想，假如他突然出现在我面前，说依然爱着我，我可能会抛弃现有的幸福，可有时又后怕这种想法。"

有人说："失恋后的人，之所以不再相信爱情，不敢轻易再爱，爱得

小心翼翼，或总觉得心有缺憾，皆是对已逝爱情的执念，对前任过于念念不忘。"

就像多年后宋宜山说的，尽管分手多年，他却永远忘不掉她，他一直生活在悔恨中，后悔当初的决定。

宋宜山入大学后不久，就与班上的班花雪凌相恋。宋宜山样貌平平，却能跟长相清透美丽的班花雪凌聊得来，甜蜜得令人羡慕。那时，很多人跟他开玩笑说："校门内是爱情，校门外是分手。"宋宜山和雪凌不信，他们坚信四年的感情牢不可摧，出了校门就会穿上婚纱。

多年后，宋宜山面对曾经的大学舍友，喝着酒流着泪说道："我现在有车有房，存款足够半生富裕，可又能怎么样呢？她回不来了，回不来了……"原来，宋宜山刚参加工作的时候，要什么没什么，钱都是省着花，他给不了雪凌想要的一切，她的家人也不同意女儿跟着个穷小子生活，还给他罗列出一堆的条件，可他当时根本做不到。最后，雪凌一走了之。宋宜山从此一心为工作，30多岁的人了，连个异性朋友都没有。也唯有在这群好友面前，他还显得有点人样，哭得像个孩子。

一个人越在意什么，什么就越让自己痛苦。我们越放不下某样东西，那样东西就会像紧箍咒一样，日日夜夜固在心里，让我们吃不下、睡不着。而往事之所以难忘，只因我们每个人都多多少少存有完美主义的特质。失恋的人，大多是存有遗憾的，有遗憾便是不够完美，于是不管岁月几何，心中依然会对那件有遗憾的事耿耿于怀。

"过分的爱"便是执念，执念就像一双走火入魔的手，会把一个清醒的人推入迷惑的深渊，对我们进行各种干扰，令我们失去正确的判断和分析能力。唯有摆脱执念，极简内心，生活中的沉郁，包括思想上、情感上的多虑，才能被自然清理掉。但心病还需心药医，每个人都想获得简单的幸福，其实获得幸福的方式本就简单：幸福＝接受＋持续向前。

馨予曾喜欢过一个男生，他们两人在一起足足两年，感情一直很好，都到了谈婚论嫁的地步。可因为种种阴差阳错，两个人最终分手。一开始会有联系，直到他把她彻底拉黑。馨予说，她理解他这么做的原因，虽然尝试过再加好友，可他一直拒绝。过去他们很相爱，却因为一些不得已的原因换来这样的结局。

可她依然爱着他，既然曾经相爱过，那就不打扰了，只有这样，她才能记住曾经彼此是多么好。

放下心中执念，并非忘记，而是懂得去接受它。接受它已经离我们而去，并且永远不会回来。如此，我们才能更好地面对明天。在成年人的世界里，可以充满回忆，但决不能走回头路。

怀着曾经的美好，昂首阔步向前，人生只需快乐，其他皆是多余。有时，我们总以为自己忘不掉的是那个人，其实不是。我们忘不掉的，只是那段写满风花雪月的青春。

一个女孩，她在网上亮出了自己16岁和30岁的照片，两张照片中的她笑容灿烂。她附上一句文案：大家觉得，我16岁漂亮，还是30岁漂亮？

有一位网友的回复就很触动人心：都很漂亮，不是敷衍，16岁的你，漂亮的是你的16岁；30岁的你，漂亮的是30岁的你。

站在不同的角度思考同一个问题，就会得到截然不同的结果，对过往的恋情，同样需要换个角度。曾经的爱情之所以美好，被不停翻出来念想，不是因为那个人，而是那段承载了爱情与激情的青春。说白了，执念，也是一种叫"不甘"的情绪，不甘自己的过往留有遗憾和空白，是一种精神上的缺失，别妄图去弥补，即便旧地重游，旧人重叙，可物是人非，时过境迁，已无法再找回当初的悸动。

你怀念的那个时间、那个地点的他，早已不复存在。时光正是因为无法重来，才让人格外珍惜。有些故事、有些人，只有停留在记忆中，它的价值才会无限发光发热，趋向完美。从某些方面来说，"不甘"其实也是一种"美好"。所以，爱情也好，那个人也好，不用太在意天长地久，因为你曾经拥有过，这才是爱情的真正魅力所在。

  我们不应该为过去某个人停歇不前，人生说漫长亦漫长，倘若你单身，前方必然有良人等待；倘若你已婚，就好好经营当下的幸福。放下执念，才能轻装简行，拥抱新的生活。对内心深处的自己说："再见，那个他。此时此刻起，我将一路向前。"你能做到。

第五章

拿不起时就放下，放弃也要积极
——放松的人生不偏执

不要为小事抓狂

　　生活中每天都有琐碎的事情发生，或许是早上挤公共汽车时，被人不小心踩到了脚；或许是上下班途中遇到堵车……这些事情看似很小，但当你总是抓紧不放时，就会心不静、气难平、内心倍感苦恼。

　　"很多时候，让我们疲惫的并不是脚下的高山与漫长的旅途，而是自己鞋里一粒微小的沙砾。"哲人的这句话，一针见血地道出了我们烦恼的根源。

　　连续工作了一个月，这个周末佳美终于可以歇息一下了。早上起床后，她正打电话问候自己的好友，可是调皮的儿子却拽着她的衣角不停地问一些问题，烦躁的她忍不住粗暴地挂上电话，对儿子一阵劈头盖脸的指责，结果儿子开始不停地抽泣，而丈夫则说佳美的行为有些过分。

　　顿时，佳美的心情被破坏了。她一直想着这件事情，结果由于心不在焉，倒牛奶时不小心烫到了自己，佳美十分火大，认为都是因为儿子和丈夫的吵闹使她的心情变得十分糟糕。事情还不止这样，洗碗的时候，佳美还打碎了一个杯子，虽然不值几个钱，但她简直要崩溃了。

　　就这样，佳美几乎一天都没有什么好心情，她带着火气擦地、整理衣物，时不时教训着儿子，也没有心情和丈夫说一句话。晚上睡觉前，她还不停地抱怨这一天发生的事情，"都怨儿子淘气，好好的周末居然搞得如此糟糕。"

　　这时候，丈夫温和地提醒道："儿子有什么错呢？他还小，缠着大人是常事，不高兴的事情都是你自己造成的，更何况，那是多么微不足道的一件事情啊！你为什么把自己弄得一整天不高兴呢？"

美国作家梭罗说："我们的生命都在芝麻绿豆般的小事中虚度，毫无算计，也没有值得努力的目标，一生就这样匆匆过去了……"著名的心灵导师戴尔·卡耐基也认为，"许多人都有为小事抓狂的毛病，人活在世上只有短短几十年，却浪费了很多时间，去愁一些一秒内就会被忘掉的小事。"

从医学的观点看，经常为小事抓狂，对自己的身心健康也是极其有害的。既然如此，我们必须超脱一点，不让自己因为一些鸡毛蒜皮的小事抓狂。当你被各种小事搅得团团转时，静下心来告诉自己："生命太短促了，眼下这件小事真值得我丢不开、放不下吗？"尽力敞开心胸，内心变得清净，生活也焕然一新。

有一位中年农夫，时常感到生活的枯燥和困苦，便上山找到一位禅师，哭诉道："禅师，几十年了，我一直没有感到生活中有丝毫的快乐——房子太小、孩子太多、妻子性格暴躁……您说我应该怎么办啊？"

禅师想了想，问他："你家有牛吗？"

"有。"农夫点了点头。

"你回去后，把牛赶进屋子里饲养。"

虽然农夫有些丈二和尚摸不着头脑，但他很虔诚地听从了禅师的指导。可一个星期后，农夫又来找禅师诉说自己的不幸。

禅师问他："你们家有羊吗？"

农夫说："有。"

"那就把它放到屋子里饲养吧。"

可这些丝毫都没有扭转农夫的苦恼。于是他又找到禅师。禅师问他："你们家有鸡吗？"

"有啊，并且不止一只呢。"

"那就把你所有的鸡都带进屋子里去养。"

第五章　拿不起时就放下，放弃也要积极——放松的人生不偏执　091

从此以后，农夫的屋子里不仅有七八个孩子的哭声、妻子的呵斥声，还有一头牛、两只羊、十多只鸡的喧闹声。

三天后，农夫受不了了，他再度来找禅师，请他帮忙。

"把牛、羊、鸡全都赶到外面去吧！"禅师说。

第二天，农夫看到禅师，兴奋地说："太好了，我家变得又宽又大，还很安静。我感受到了从未有过的愉快啊！"

事实上，农夫的日子与以前相比没有丝毫的改变，但从此以后他却感到生活中处处充满了乐趣。也就是说，原来在农夫看来"道高一尺"的烦扰，比起后来"魔高一丈"的骚乱，简直是可以忽略不计了。

所以，能够为小事烦恼，表示"你还非常幸福"。德国哲学家叔本华说过一句话："要判断一个人幸福与否，必须问的不是他为何愉快，而是他为何烦恼。如果让他烦恼的事物越是平凡细微，那就表示他越幸福。因为一个真正的不幸者，是根本没有心情去觉察到那些琐碎小事的。"

无路可走时，回头才是岸

生活中，我们听了太多"坚持就是胜利"的道理，很多人做事都讲究坚持，坚持到底、坚持不懈，这固然是值得肯定的，通常也能有所作为。然而，一味地坚持，刻意地执着，坚持着不该坚持的，这就变为一种盲目的固执了。

在大西洋中有一种鱼，长得极为漂亮，银肤、燕尾、大眼睛，它们平时生活在深海中，所以不易被人捉到。但是在春夏排卵之际，它们会结群顺着海潮漂流到浅海。这时，它们极易被渔民捕到。捕捉它们的方法很简单：用一个孔目粗疏的竹帘，下端系上铁块，放入水中，由两个小船拖着。

如果这种鱼不落入竹帘中还好说，一旦它们进入竹帘中，那几乎就是死路一条了。因为这种鱼"个性"要强,不爱转弯,闯入竹帘时也不停地向前游,一条条"前赴后继"地陷入竹帘中,帘孔随之紧缩。竹帘缩得越紧,它们就越拼命地往前冲。结果被牢牢地卡死,最终成群结队地被渔民所捕获。

你是不是会为这种"固执"的鱼惋惜,感慨它们的愚笨和无知。但细想一下,我们又何尝不是如此呢?死守着一份不适合自己的工作,坚持一项力不从心的事业,坚持做自己无力能及的事情,结果身陷泥潭,不能自拔。轻易地放弃了该坚持的,固执地坚持了该放弃的,这是人生最大的悲哀。

何必要固执地一条路走到黑,走一条无路可走的死胡同。不如赶紧放弃,及时回头。要知道,及早走出这条死胡同,才能有新的发现、新的开始,我们才有可能绝处逢生。这正好应了文学大师斯宾塞·约翰逊曾经说过的那句话:"越早放弃旧的奶酪,你就会越早发现新的奶酪。"

刘珊是某一外贸公司的秘书,她为人随和,善解人意,对工作也是尽心尽力,但她却非常不喜欢坐办公室,在办公室超过一个小时她就如坐针毡。这一点,让她深感做秘书工作的吃力和不快。

这样过了一段时间后,身心俱疲的刘珊打算向老总提出辞职。但是想到这家公司在业界非常有威望,而且自己当初是经过层层面试才进来的,要是这么走掉就可惜了。想来想去,她决定先调换一个新岗位试试。

做什么好呢?刘珊开始有意识地留意自己的能力,为内部跳槽做准备,她发现自己思维缜密、善于分析,而且乐于与人交往,便大胆地请求老总将自己调到了销售部。果然,在谈判桌上,刘珊如鱼得水,应付自如,工作做得非常出色,赢得不少顾客的称赞,她的职位和薪水均得到了提高。

在这个世界上,人与人之间的差异是非常明显的,工作不是随便找个就行,因为适合别人的并不一定适合你。如果不考虑工作是否适合自己就埋头苦干，明明工作开展很难，还是不肯放手，只会让自己身心俱疲，且得到的始终少于付出。既然如此，又何必苦守呢？不如放手。

生活处处都是风景，不必固执地守着一处。放弃那些力不从心的工作，放弃那些无法胜任的职位……这时候，你也就放弃了那些使你纠结的想法和事情，你将不必再独自饮泣，不必再心力交瘁，你会发现生活变得简单起来，你走向了生命的开阔处，尽享轻松、和谐、欢快等。

河流行经之地总有各种的阻隔，高山、峻岭、沟壑、峭壁，但是水到了它们跟前，并不是一味地直冲过去，而是调整方向，避开一道道障碍，重新开创一条路。正因为如此，它最终抵达了大海，也缔造了蜿蜒曲折、百转迂回的自然美。

卸下过去，你就能轻松前行

几乎每一个人都有这样的感触：有些事情明明已经过去好久，却不时地在脑海里闪过；过去的成败得失、伤痛、烦恼深刻于心，不时在心里激起波浪。这样的生活，犹如让自己背负着无形枷锁，怎会感到快乐？又谈何简单？

一个青年背着大包裹千里迢迢跑来找灵智大师，说道："大师，我是那样执着、坚强，长期跋涉的辛苦和疲惫难不住我，各种考验也没能吓到我。但是，为什么我总是找不到心中的阳光，总感到孤独、痛苦和寂寞？"

灵智大师问："你的大包裹里装的是什么？"

青年回答："它对我可重要了。里面是我每一次跌倒时的痛苦，每一次受伤后的哭泣，每一次孤寂时的烦恼……靠着它，我才有勇气走到您这里来。"

灵智大师听完问道："每次过河之后，你是不是要扛着船赶路？"

年轻人很惊讶："扛船赶路？它那么沉，我扛得动吗？"

灵智大师微微一笑，说："过河时，船是有用的，但过了河，就要放下船赶路呀，否则它会变成我们的包袱。"

年轻人顿悟，他放下包袱，顿觉心里像扔掉一块石头一样轻松，他发觉自己的步子轻松而愉悦，比以前快得多。

这位年轻人因为不懂得放下每一次跌倒时的痛苦、每一次受伤后的哭泣、每一次孤寂时的烦恼，导致内心郁积，后来又因为卸下包袱得以轻装前行。生活也是这样，我们每天都在走路，背负的东西越多，走起来就会越累。只有学会不断地放下，才能轻松前行。

人的时间和精力都是有限的，如果把过去的一切都背负起来，那么今天只会心有余而力不足，身心不得轻松。所以，如果你希望生活得简单而轻松，那就要超脱一点、自由一点，学会放手，放下过去的包袱，放下那些多余的负担，放下那些旧的恐惧、旧的束缚、旧的创伤……

"智慧的艺术，就在于知道什么可以忽略"，心理学先驱威廉·詹姆斯说："天才永远知道可以不把什么放在心上！"

老禅师带小徒弟去山下化缘，走到一条小河边的时候，看见一位美丽的少女在那里踌躇不前。由于穿着丝绸的罗裙，无法跨步走过浅滩，少女便请求禅师背自己过河。

老禅师毫不犹豫地背起少女下了水，蹚过湍急的河水把少女背到了对岸，放下少女后，老禅师默不作声地继续往前走。但是，小徒弟再不能安心走了。他一直在想师父说过出家人是不能近女色的，为什么他就能背着小女孩过河呢？

离开河边20多里地了，小徒弟一直被这个问题困惑着。最后，他终于忍不住了，问道："师父，你不是说我们出家人不能近女色的吗？为什么你就能背那个姑娘过河呢？"

"你说的是那个女人啊，我早已经把她放下了，你怎么还背着她呢？"老禅师答道。

与师父相比，小徒弟显然在生活智慧上还有很大差距。他不懂得放下，一直纠结于师父背少女过河的事情，结果给自己带来了烦恼。

有一句话说："天使之所以能够飞翔，是因为她有双轻盈的翅膀。当给她的翅膀上系了多余的包袱，她就再也飞不远了。"我们也是如此，人生苦短，何不放下已经过去的事，让自己逍遥度日。

有所不为才能有所为

周丹和爱人赵冲一起开了一家小规模的设计公司，为了办公司，两人花掉了所有的积蓄。开弓没有回头箭，只有这一拼了。但是，由于公司处于创业阶段，资金不足，又什么都需要操持，没有过多的钱雇用员工，所以两人就身兼数职，赵冲负责拉业务，周丹负责公司内部的一切事务，从设计到会计，她学了很多，也做了很多。

两个人凭借着不服输的劲头、起早贪黑的努力和不俗的设计水平，公司很快就有了起色。才两年，公司的规模就扩大了，业务量增加，资金有了保障，员工人数也开始增加。看上去一切都在向好的方向发展，赵冲提出让周丹休息一下，但周丹却对公司的大小事情放心不下，事无巨细地操持着。而随着业务量骤增，需要处理的事情越来越多，周丹整天忙得团团转，脾气也越来越大。

"无论做什么，怎么做，老板娘都不放心。"员工们对周丹渐渐心怀不满了，偶尔也会趁周丹不在的时候偷懒，这令周丹更放心不下了，她不仅时常指责员工办事不力，还时不时地朝赵冲大呼小叫。周丹定时炸弹一样的脾气，令赵冲身心俱疲，两人争吵的次数越来越多，后来升级到冷战。

周丹原本可以享受生活,却生活得烦恼无比,为何会这样呢?原因就在于,她什么都不放心,什么都操心,亲力亲为。人的精力和体力是有限的,让自己背负的角色太多,怎能不受折磨?

关于诸葛亮,大家都不陌生。在辅佐刘备的20多年里,足智多谋、临危不惧的诸葛亮鞠躬尽瘁、事必躬亲,将行政与军事大权集于一身,特别是在刘备去世后更是如此。结果,虽有面面俱到之心,却无分身之术,累垮了自己,最终"出师未捷身先死,长使英雄泪满襟",带着遗憾离世。

别固执了,放下吧,你不是超人,有些事不用你想就不想它,有些事不用你管就不管它。这并非不思进取、消极遁世、慵懒沮丧,而是让你从过度紧张的生活中解脱出来,进而过上张弛有度、安然洒脱的日子,很多事情也便能够水到渠成,生活也就能简单一点、闲适一点。

两千多年前,孔子即认为君子要"有所为,有所不为"。"为"就是"做",应该做的事必须去做,这就是"有所为";不应该做的事就不必做,就是"有所不为"。"有所不为"才能"有所为",这算得上是"君子"。

著名的设计师安德鲁·伯利蒂奥曾经以为自己是个无所不能的"超人",他除了每天进行设计和研究工作外,还负责公司制度的制定、考勤等很多方面的事务,几乎公司的每一件工作他都要亲自参与。"为什么你的时间总是显得不够用呢?"有人问,安德鲁无奈地说:"因为我要管的事情太多了。"

整天忙得晕头转向,作品的质量却常常不尽如人意,也没有取得令人骄傲的成绩,安德鲁对此很不解,便去请教一位教授。教授给他的答案是:"你大可不必那样忙,关键在于分好工作内容的主次。"听到这句话的一瞬间,安德鲁醒悟了。原来,一直以来他很大一部分时间都浪费在管理其他乱七八糟的事情上,而最重要的设计工作反而只能占用一小部分时间,由于时间过于紧凑,作品的质量自然就受到了很大影响。

从此，安德鲁调整了时间分配，他洒脱地把那些无关紧要的细小工作交给助手去做，自己则把时间集中用在设计工作、与重要客户的沟通以及公司如何能够获得最大利益等方面。当然，公司并没有因为安德鲁的"撒手不管"而乱成一团，相反，它焕发出了前所未有的活力，在设计界的地位越来越重要。而安德鲁逍遥自在，却业绩斐然，写出了建筑界的"圣经"——《建筑学四书》。

转移一部分职责，生活渐趋平缓，事业仍然保持蒸蒸日上的状态，心灵也获得了平和与安宁。安德鲁的事例告诉我们，剔除"不能"之后，剩下来的往往才是一个人最有可能、最有所作为的方面。放手并不意味着失去，而是对自己重新进行整合，是为了更长远的进步，是为了更广阔、更持续的拥有。

不管你的地位有多高，也不管你有怎样的成就，当你觉得生活令自己的身心不堪重负、体力透支时，就要学会放下一些不必要的事情。有所为有所不为，你会发现，再烦琐的事情也能够化纷杂为简单，你将更有信心走好生活的路。如此一来，你不想获得简单而安然的生活都难呢！

幻想没用，何必再想

在我们的心底总有各种各样的梦想："我渴望遇到一个白马王子""我希望拥有一辆好车""我要成为某方面的专家""我祈祷老板会给我加薪"……有了梦想，生活会充满活力和希望，但假如你一味地陷于其中，分不清内心和现实的区别，使梦想变为幻想，这就成为一种负担了。

为何这样说呢？这是因为，幻想是内心不切实际的非理性的空想，一个人若执着于幻想，沉湎于幻觉，不愿付诸行动时，就会丧失面对现实的勇气。内心的完美世界和现实的残酷世界形成强烈反差，无形中会给自己的思想增加沉重的负担，心灵会被繁杂的思想所缠绕，内心也会陷入焦灼状态。

有一个落魄的中年人总想着发财致富，他隔三岔五就去教堂祷告，他的祷告词基本上没有变过，总是那一句："上帝，请看在我多年来虔诚的份儿上，让我中一次彩票吧！"他周而复始、不间断地乞求着上帝让他中彩票。但是，一段时间过去了，头等奖都被别人给中了，压根就没有他的份儿。

渐渐地，这位中年人变得无比绝望，一天他祷告完之后，居然哭了起来，他说："我的上帝呀！我这么谦卑地服侍您，您为什么不可怜可怜我，答应我的祈求呢？让我中一次彩票吧！只要一次，我愿意终生侍奉您……"

这时，上帝的声音从空中传来："可怜的孩子呀！我一直都在听你的祷告，可是你总该先去买张彩票吧！"

梦想是什么？这是世界上最艰难的事，越大的梦想越要付出努力，忍受种种艰辛。既然如此，你不妨扪心自问："我是一个幻想家吗？""我是否老是幻想？"如果答案是肯定的，那么你就该立即放下这些空想，将自己的身心置于现实中，马上行动起来，不要考虑后果和那些阻碍你行动的因素。

梦想和幻想之间，只有短短的一步，关键是你要行动起来，而不是执着空想。正如诺贝尔文学奖的获得者赛珍珠所说："我从来不去刻意地等待好运的来临。如果你一味地等待，不仅不能完成任何事情，还会使你的内心陷入无比的焦灼之中。我们必须要记住，只有动手才能有所收获。"

杨波是一家建筑工地上的工人，他经常大谈特谈自己的梦想，还说自己将来一定要做老板，可他整天都懒洋洋地拄着铲子，不肯干活，结果工作三年多了一直不被重用，这令他怅然若失。一天，老板意味深长地和他说："年轻人，不要再将自己置于幻想之中了，还是好好埋头苦干吧！"

杨波似有所悟，他开始踏踏实实地工作，每天低头努力挖渠，表现得比所有人都好，让其他工人和老板刮目相看。不久，老板升他当了工头，后来他存够了钱就自己做老板了。谈及自己的成功，杨波说道："过去只活在空想的世界中，把所有的事情都想复杂了，真正行动后，才知道并没有那么复杂……繁杂的思想有时是你成功道路上的阻碍。"

要想让自己的心灵不再烦恼，就要放弃心中诸多的幻象，将身心置于现实中。而要想让幻想变为现实，要从"做"开始，而不是"想"。立马行动，切实行动，一旦你突破了这个坎，这样不断地做下去，你就会发现幻想不再是你心中的困扰了，你离梦想越来越近了，生活越来越容易了。

生活还要继续，莫抓着错误不放手

"人非圣贤，孰能无过"。生活中，别人会对你犯下错误，你也会对别人或自己犯下错误，这时你会原谅自己的错误，和自己握手言和吗？事实上，这时候，不少人会对自己所犯的错耿耿于怀，迟迟不肯原谅自己，甚至一味地后悔，陷入自责的泥潭不能自拔，以至于颓丧、痛苦。

Susan是一家公司的策划，她工作认真，能力出众，领导很器重她，便将一个重要的企划案交给了她，还说如果这次企划案能赢得客户认可，她将有可能被提拔。这是个千载难逢的机会，Susan暗下决心一定要做好，加班加点，多次修改后，她才满意了。谁知到了会议那天，她居然将一份重要资料落在了家中，结果她只能凭记忆发言了，有几处她想不起来，会议几次中断……

看到领导失望的表情，Susan懊恼不已，她说："我永远无法原谅自己。"因为不肯原谅自己，那天会议的场景总是不时地浮现在Susan脑海，以至于工作中又出现了几次小失误。这下，Susan对自己更加不满，她再没有心情工作了,甚至对自己失去了信心,觉得自己不适合这个工作,动不动就开始哭泣……

犯错本来就是难以避免的事情,既然事情已经发生了,再继续惩罚自己有什么用呢?谁也不能再改变过去,而且你已经为此付出了沉重的代价,为什么还要束缚自己的内心,搭上现在和未来呢?要知道,错误虽然不能再收回,但是我们的心情可以回转,也需要回转,因为生活还要继续。

学着放开错误,原谅自己吧!这不是让你纵容自己,对自己的错误视而不见,而是让你坦然地面对自己的错误,把自己从羞愧和内疚中解放出来。只有这样,你才有勇气分析和总结错误,然后让自己不犯第二次,同时弥补自己所犯下的错误。如果总是犯同样的错误,想要原谅自己就更难了。

恩格斯对自然科学有着浓厚的兴趣,通过不断地学习和研究,他积累了渊博的自然科学知识。一天,一位朋友对恩格斯说起了澳洲的鸭嘴兽,鸭嘴兽是哺乳动物,可为什么却用蛋来繁殖后代,对此他很是不解。恩格斯当时虽然对鸭嘴兽不了解,但凭借着自己的知识和经验,他对朋友说:"你搞错了。鸭嘴兽既然会生蛋,那么它就一定不是哺乳动物,因为哺乳动物都是胎生的。"说完,恩格斯还嘲笑了朋友几句:"哺乳动物怎么会下蛋呢?不得不说,你这是一种十分愚蠢的看法"。

过了几年后,恩格斯意识到自己错了。原来鸭嘴兽确实是一种哺乳动物,也确实是用蛋来繁殖后代的。唉,原来自己当初的看法才是愚蠢呢。恩格斯马上给那位朋友写了一封信,在信中他坦率地承认了自己的错误,并且风趣地表示,他要向鸭嘴兽道歉,请它原谅自己的傲慢与无知。

当有人问恩格斯难道不怕这个曾经的错误影响自己在众人心目中的形象吗?恩格斯笑笑回答:"知识是无涯的,谁能一下子学到所有的知识呢,犯错自是难免的。不怕自己犯错误,不怕承认自己的错误,不怕一次又一次地改正这些错误,这样我们才能进步啊。"

在生活中我们更要如此,例如,在刷盘子时,你不小心打破了一个盘子,与其又叫又喊、懊恼不已,不如一笑置之,心平气和地接受这样的事实——现在摆在我们面前的是一个打破的盘子,剩下的问题是,引以为戒,避免下一个盘子被打破。

还是那句老话:"人非圣贤,孰能无过。"不管发生了什么错误,自我虐待、自我惩罚都不是解决方法。过去的就让它过去,放下已经犯下的错误,这才是调整自我、提高自己的最好方法,也才会迎来海阔天空的新生活。

压力不是宝,别老扛着它

每个人的生活中都有压力,这些压力来自各个方面:工作上的、学业上的、感情上的、经济上的……俗话说,"生于忧患、死于安乐",适当的压力可以促人奋发图强,进而有所作为,但凡事都是有限度的,有时你需要适当地放下这些压力。因为,压力再轻,老扛在身上也会累的,到头来难过的还是自己。

明帆是某著名公司的管理人员,在公司的4年中,领导对他的评价是:思维敏捷、办事麻利、工作能力极强;而同事和下属对他的评价却是:不够宽容、激动易怒、做事手段太强硬。评价如此不同,源于他的压力太大。

在公司内部,只要是上级部门下达工作任务,明帆总能够提前完成,为此,他总是能得到领导的表扬。但是,为了提前完成工作任务,他对下属的要求却是十分苛刻的,明明需要三天才能完成的,他却要将工作时间压缩到两天,不仅把自己搞得焦头烂额,也让那些去执行任务的员工手忙脚乱,精神压力甚大。同时,如果哪个环节出了问题,拖延了时间,明帆不仅会大发雷霆,而且还会扣除相关员工的月奖金,让他的下属苦不堪言。

对此，明帆也有自己的理由："我其实也不想把大家搞得那么紧张，但是竞争这么激烈，不讲究高效率只能被淘汰，只能加快速度了。其实，我平时的工作压力大极了，头痛、失眠、焦虑经常伴随着我，而且整个人经常会莫名其妙地处于焦躁不安之中，动不动就想发脾气，对此我也十分苦恼。"

明帆为了工作而工作，为了事业而事业。面对压力，他很少想工作与事业究竟为了什么，他不停地把诸多压力加到自己身上，结果被压力蒙住了双眼，忘记了忙碌的初衷，让自己的情绪变得焦躁不安，工作和生活乱成一团，严重影响到了工作效率和生活质量。

常常心神不宁，情绪低落、焦虑；经常感到疲劳、困倦，还常常失眠；害怕变化、不愿意尝试新东西，对未来有恐惧感；时常萌生不想工作的念头……总结一下你的生活，看看你是否出现过以上状况。如果有，那么证明你现在已经让自己扛了太久、太多的压力了。

也许有人会说，社会和职场竞争激烈，物价上涨、工资太低、工作繁重、孩子太小需要照顾、子女升学、住房问题没有解决……这些问题都是需要考虑的，压力不是自己所能选择的。其实不然，种种压力不是外界给予我们的，而是我们人为地给自己添加的。压力虽无法避免，但我们可以学会"放下"。

一个被压力所困的年轻人找到大学时期的心理学讲师，希望老师可以告诉自己如何正确对待压力。

老师递给他一杯水，问道："你说这杯水有多重？"

年轻人有点不屑地摇摇头，说："很轻，也就20克。"

老师没有再多说什么，而是一直让他举着。

过了一段时间，年轻人感到手酸痛了，说："现在感觉很重，好像有500克。"

从 20 克到 500 克，两次回答，相差竟然这么大。其实这杯水的重量没有发生任何变化，而是因为举的时间长了，所以感觉分量重了。同理，压力就像这杯水一样，倘若我们扛在肩上不放，它会变得越来越重，令人不堪其重。

放下水杯，休息一下，便能再次举起它。换句话说，生活中的压力并不可怕，只要你能够停止给自己不断加压，时时懂得放下压力，就能使自己获得内心的安宁，从容不迫地生活。

在大雪中，很多树木都被压断了，唯独雪松屹立不倒。因为雪松压不断吗？不是，每到雪积到一定的厚度，雪松的枝丫就会弯曲，使雪滑落下来，从而达到减载减负的效果，最终保全枝干无损。其他的树木没有这种"本领"，树枝必然被压断。

给自己减压是解决压力的有效办法。

转换思维就会很简单

生活中，每个人都会遇到各种各样、大大小小的难题。当遇到了难以克服的障碍时，很多人总是下意识地从正面去观察、分析，直来直去，不肯放弃，结果是碰得头破血流，无功而返。即使最终强取而得，也耗费了超出常规几倍的资源，得不偿失。

凯马特是现代超市型零售企业的鼻祖，它是世界最大的连锁超市和世界最大的零售企业，这些都是凯马特公司值得骄傲的地方。但是，后起的沃尔玛公司渐渐蚕食了凯马特的市场，1993 年更是雄踞全美零售业榜首。

在凯马特面前沃尔玛只是个"小"字辈，被这样的后起之秀远远甩在身后，自然令凯马特难以接受，于是，凯马特毅然发动了一场有针对性的价格战。

沃尔玛也不甘示弱，立即对这些特价品打折，使价格再次低于或持平于凯马特。随即，双方进入了比拼内功的阶段——看谁的运营成本更低。由于不少货品都是赔钱赚吆喝，凯马特的亏损直线上升，很快不能支撑。而沃尔玛由于储备资金优于凯马特，价格战虽然代价很大，但尚能承受。

这样，孰胜孰败，从凯马特发动正面进攻的那一刻就已经注定了。2012年1月22日，凯马特向法院申请了破产保护，所列资产近163亿美元、债务约103亿美元，创下了美国历史上最大的零售业破产案。

"一山不容二虎"，市场竞争只有"你死我活"和"我死你活"这两种结果，这是凯马特的陈旧想法，它没有看到自己今不如昔，拥有了王者风范的沃尔玛已不再是它能够正面硬拼的对手，而且硬碰硬的结果只能是自我损伤。

事实上，这些所谓的难题是很简单的，只是人们把它想复杂了而已。只要多动动脑子，换个角度去思考，转换思维就会很简单。如《孙子兵法》中云："先知迂直之计者胜。"

死神在一场瘟疫中累倒了，被一个好心的青年照顾。为了回报该青年，死神将一个点穴手法教给了青年，这个手法非常厉害，只要在病人身上的穴道点几下，对方的病就治好了。临行前，死神对青年说："你可以用这个方法去行医，但有一条戒律不可以违犯——如果我站在病人的脚旁，你可以把他治好；如果我站在病人的头侧，就表示那人的大限已到，你就不用治了，否则就要拿自己的命来抵。"

青年一直遵守死神的戒律，也治好了很多人，成为当代的名医。有一天，公主生病了，群医束手无策，国王便颁布一个命令：如果有人能把公主治好，就传位给他，并把公主许配给他。青年听到该消息便前往皇宫为公主治病。他对美丽的公主一见倾心，但却惊讶地发现死神正站在公主的头侧。

青年实在喜欢公主,他决定要救活公主,但那样会违背死神的戒律,怎么办呢?青年冥思苦想了一段时间后,立即叫人把公主的床换个方向。这样一来,变成了死神站在公主的床尾,青年很快就把公主治好了,死神对他也无可奈何。从此,青年娶了公主,继承了王位,过上了幸福生活。

面对棘手的问题时,这个青年适时变通了一下,把床头和床尾换了个位置,把很棘手的问题变得十分简单。他既救活了公主,又没得罪死神,真是两全其美。

因此,当一些棘手的问题出现时,你千万不要急于求成,总想着如何快速地解决问题、一味地从正面克服障碍,不妨转换一下思维方法,放弃正面,从侧面入手。曲中有直,直中有曲,这是辩证法的真谛,相信困难和挫折中的你将会绝处逢生,有一种"柳暗花明又一村"的发现。

法国作家勒农说:"你不要着急!不必担忧!我们所走的路是一条盘旋曲折的山路,要拐许多弯,兜许多圈子,时常我们觉得好似背向着自己的目标,其实,我们总是越来越接近目标。"

第六章
做不了第一，就做快乐的第二
——保持松弛是一种能力

接受你的缺陷，生命会更精彩

在生活中，你是否会因为自己比别人矮或者比别人胖而自怨自怜？你是否为自己鼻子太大或者眼睛太小而气愤不已……为什么我们会有这些烦恼呢？这是因为我们太轻信传言，认为假如没有一个完美无瑕的身体，我们就缺乏价值。毋庸置疑，这实在是一种错误至极的观念。

俗话说，"金无足赤，人无完人"，既然世界上没有完美的人，我们又何必严苛地对待自己，甚至为此自怨自怜、悲观厌世呢？适当允许自己有一些不足存在吧，接受"不完美"的自己，接受自己的缺陷。相信这会让你平复心海浊浪，淡化心中的烦恼，变得自信起来，活得更简单、更快乐。

看过下面的材料，你也许会更加豁然开朗，心如洞明。

欧洲曾举办了一次"最完美的女性"研讨会，结果评判最完美的女性应该是有意大利人的头发、埃及人的眼睛、希腊人的鼻子、美国人的牙齿、泰国人的颈项、澳大利亚人的胸脯、瑞士人的手、中国人的脚、奥地利人的声音、日本人的笑容、英国人的皮肤、法国人的曲线、西班牙人的步态。所有这些还是不够的，完美女性还应有德国女人的管家本领、美国女人的时髦装束、法国女人的精湛厨艺、中国女人的醉心温柔。然而，即使上帝重新造人也不可能集这些优点于一人，因此与会者达成的结论是：真正完美的女人是根本不存在的。

世界上没有完美的人，更何况，有句话说"每个人都是被上帝咬过一口的苹果"，这样的比喻是何等的新奇而幽默，又是怎样的从容淡定、豁达乐观。人类历史上有太多的天才俊杰都"被上帝咬过一口"：失明的文学家弥尔顿、失聪的大音乐家贝多芬、不会说话的天才小提琴演奏家帕格尼尼……

对于这个道理，凯茜·桃莉历尽波折才明白。

凯茜·桃莉是电车服务员的女儿，家境贫困，她一直渴望成为明星。可惜，在外人看来，她并不具备成为明星的条件，她长了一张不美的大嘴，还有一口龅牙。当她第一次在夜总会里演唱时，她千方百计地想用她的上唇遮掩她的牙齿，期望观众不会注意她的龅牙，而是去专心听她的歌声。结果适得其反，台下的观众看到她滑稽的样子，不禁大笑起来，凯茜·桃莉红着脸走下了台。

现场的一位观众觉得凯茜·桃莉很有歌唱才华，便率直地告诉她："刚才我一直在专心观赏你的歌唱表演，我看得出来你想掩饰的是什么，你害怕别人注意到你的龅牙，对不对？"凯茜·桃莉听后，一脸尴尬。接着，这位观众又说："龅牙怎么了？没有人会在乎的，也许它还能够给你带来好运呢！"

听了这位观众的忠告，凯茜·桃莉打算此后不再掩饰自己的龅牙。每当她在唱歌的时候，就尽情地把嘴巴张开，把所有的精力都置于歌声中。最后，她成为一位在电影及广播界享有国际盛名的双栖红星，她的那张龅牙嘴被称为"性感之嘴"，甚至后来的很多演员都开始模仿她。

一个人身上有没有缺陷并不重要，重要的是自己敢于接受并正确面对这个事实，而且除了你自己没有人会刻意在乎你的缺陷。学着正视自己的缺陷，心平气和地接受自己，你就能找到自己的存在感，创造有价值的人生。同时，你也会发现，缺陷不失为人生的另一种完美。

上帝吝啬得很，他决不肯把所有的好处都给一个人，人人身上都有不足的地方，当你还执着于自己身上的某个缺陷时，不妨想想"每个人都是被上帝咬过一口的苹果"这句话，正是由于上帝的特别喜爱，你的人生才被狠狠地"咬过一口",你又何必悲伤呢?

不眼红,不攀比,不要自己气自己

你买了一个金戒指,我就要买一条金项链;你买 100 平方米的房子,我就要买 150 平方米的房子;你签了一份大订单,我就要拿下一张更大的单子;你升职为部门经理,我就要当级别更高的 CEO……留心一下,生活中这种"攀比"的现象随处可见。这样的事儿,你有没有做过?

殊不知,将自己的幸福建立在与他人比较的基础之上,看见别人有什么就眼红,你有一个我就要有两个,你有两个我就要有四个。只要外界还存在诱惑,心里就永远得不到满足,这就产生了无尽的烦恼,正如一句话所说:"如果你仅仅想获得幸福,那很容易就会实现,但如果你希望比别人更幸福,那将永远都难以实现。"

这样的现象在生活中很常见。

艾米是一位都市白领,婚后一直和丈夫租房住。后来一位朋友买了新房,艾米眼红心动,和丈夫吵着闹着要买房。由于资金有限,两人精挑细选后在郊区买了一套二居室的房子。住自己的家自然舒适又方便,艾米心中乐开了花。

但是没过多久,另一位好朋友也买了一套房。装修后,朋友打电话让艾米到家里参观。朋友的房子地段好,而且还很大,里面装修也很高档,艾米原本买到房的好心情被朋友"更好"的房子给冲击掉了。

再回到家,艾米怎么看都觉得自己的房子不够好,再也没有舒适、方便的感觉了,后来她又劝丈夫"重新动动",要在市区买房,而且还偏要和那位朋友住同一栋楼,夫妻俩为此整日口舌相争,身心俱疲,好好的家庭从此变得鸡犬不宁。

看，这就是攀比心理作祟的后果！常言道"人比人累死人"，这不是一句空话。

幸好，人是能够主导自己的。面对自己和别人的差距，假如我们能够摆正自己的心态，学着不比较，理性地看待别人的优秀，就能在很大程度上减少内心的不平衡感，获得内心的满足感，从而使生活变得简单和幸福。

更何况，每个人都有自己的生活，又何必和他人相比呢？一位印度大师说过这样一句话："玫瑰就是玫瑰，莲花就是莲花，只要去看，不要攀比。"的确，玫瑰有玫瑰的娇艳，莲花也有莲花的清淡，两者没有根本的可比之处，也无须比较，用心欣赏就能享受到快乐和满足，不是吗？

也许有人会说："我不是玫瑰，也不是莲花，我什么都不是，没有可值得欣赏的。"如果你也这样想，那就大错特错了，因为每一个人本身都是一笔珍贵的财富。

人生是场长跑，不必老争第一

"第一"意味着鲜花和掌声，意味着荣誉和尊严。因此，生活中不少人把"第一"当成最大的荣耀，总要求自己为"第一"奋斗，并为此不断地追赶，奋力地奔跑，不甘落后、不甘平庸，让自己一刻也不得放松。

但是，你想过吗？处处想争第一，唯恐落人之后，不甘示弱，身心皆被驱使着，生活可能就会变成劳役。而当了第一的人也是脆弱的，众人之上的滋味尝尽，如果日后有所下落，感受的可能就是心理失衡。

时隔十年的大学同学聚会上，班里几乎所有的人都来了，唯独当年的聚会提议者刘慧没来。问及原因，原来刘慧的儿子前几天高考落榜了，她受不了这个打击，居然突发高血压住进了医院。此刻，刘慧沮丧地躺在病床上，静静地望着天花板，后悔自己当初为何处处争"第一"。

刘慧性格好强，自幼学习努力，在学校的时候总以"班级第一"来要求自己，如愿了则兴奋，不如愿就失落。为了争得班上唯一的学习委员的位置，小小年纪的她居然四处笼络班里的同学，劝说他们投自己的票，结果她还是落选了，为此她大病了一场。她曾发誓自己要嫁的男人一定要是所有女伴男友中最优秀的一个，结果如愿以偿，那段时间她好不得意。有了儿子之后，刘慧依然以"第一"要求儿子，督促他一定要拿"第一"，儿子学习很努力，但她还是给他报了奥数、英语等学习辅导班。结果，高考时成绩一向优异的儿子居然落榜了，刘慧为此病倒，儿子则离家出走了。

正所谓"人外有人天外有天，一山更比一山高"，生活中有强者也有弱者，没有谁能够永远是第一，我们又何必要以"第一"来苛求自己呢？为什么不能接受自己技不如人呢？处处争第一，就像刘慧一样，结果只会让自己充满挫败感，生活不得轻松。

《老子》曰："我有三宝，持而保之。一曰慈，二曰俭，三曰不敢为天下先。慈故能勇；俭故能广；不敢为天下先，故能成器长。"在这里，"先"可以理解为"第一"，"不敢为天下先"就是指人生不必争"第一"。当然，这不是不努力、不上进，而是指不要对自己不满意，更不要苛求自己，对自己要求太高。

沃克夫从一名小裁缝做到时尚设计师已经十余年，也许他从没有想到自己可以在这个领域达到如此的高度，而伴他一路前行的信念就是凡事不争第一，他曾这样告诉自己："高处不胜寒，人生不必做第一。"

"当然，"沃克夫补充道，"不争第一不意味着不努力，只是不要费尽心思非要争第一。这就像长跑比赛一样，不要上来就跑在第一个，而要调整好自己的步伐和力气分配。因为第一个其实只是个领跑者，长跑最后能取得好成绩的人，不一定一开始就领跑。"

十几年来，沃克夫一直这样定位自己，不因一时荣誉而不知所以，也不因一时打击或挫折而如临深渊。他始终保有继续向前走的动力和勇气，扎实、坚定地跑好每一步，时刻调整自己的节奏，从而获得了幸福快乐的人生。

的确，人生就像一场龟兔赛跑，不管在赛跑的过程中谁跑得快，不管你是乌龟还是兔子，只要没有到达终点就谁也不知道谜底是什么，这个过程中是没有"第一"可言的。把心态放松，降低对自己的要求，不必和别人一比高下，怀着轻松的心态尽情去跑，这样的人生才简单有味。

别让嫉妒的毒药，浸染你的心灵

见不得人好，讨厌别人比我强，是人的通病，大家总喜欢事事争先，一有人比过自己便很难保持心理的平衡，会有一种不舒服感，这是人之常情，是可以理解的。甚至从某种程度上，这说明自己看到了和别人的差距，也说明自己不甘于这一差距，有上进之心，不甘落后于人。

但凡事有度，如果任由这种情感在内心肆意弥漫，在头脑中不断滋生，乃至心生愤恨，嫉妒不已，甚至想方设法地去祸害别人，使自己成为"万恶之源"，害人害己，那么自己就处于无法自拔的痛苦之中。正如法国作家巴尔扎克所说："嫉妒者受的痛苦比任何人遭受的痛苦都更大，他自己的不幸和别人的幸福都使他痛苦万分。"

有一个人一直生活在痛苦之中，因为他看到邻居比自己过得好，心里很不舒服。他每天连做梦都希望他的邻居倒霉，或盼望邻居家着火，或盼望邻居得什么不治之症，或盼望邻居的儿子夭折……可是，上天并没有因为他的嫉妒，而使他的邻居陷入痛苦之中，反而他的邻居比以前生活得更好了。每当碰面的时候，邻居总会微笑地和他打招呼，这时，他的心里就更加不痛快了。

有一天，这个人决定给邻居制造一点晦气，怎么办呢？他去大街上买了一个花圈，准备送到邻居家里。当走到邻居家门口时，他看到这里围了很多人，还能听到里面有人在哭，此时邻居正好从屋里走出来，看到他送来一个花圈，忙说："你这么快就过来了，谢谢！谢谢！"原来邻居的父亲刚刚去世。

就这样，这个人仍旧活在痛苦当中，他吃不下也睡不着，身体日渐消瘦。

故事中的主人公因为邻居过得比自己好，心里很不舒服，为了寻求心理上的平衡，他设法去贬低对方，甚至设置陷阱坑害对方，渐渐忘记自己活着的目的；而邻居却依然如故地过着自己的日子，过得还越来越好了，如此他的心灵就不断地受到折磨，越陷越深，迷失自己，痛苦度日。

历史上，关于嫉妒的故事实在太多。因为嫉妒，庞涓使计挖掉了孙膑的两个膝盖骨，最后自己惨死在孙膑手下；因为嫉妒，周瑜时时想置诸葛亮于死地，结果被诸葛亮"三气"之后，气得吐血，悲愤离世；因为嫉妒，李斯进谗陷害韩非，韩非被迫服毒自杀，李斯则背上了骂名……

请善待自己吧，把嫉妒从心里赶走。不因别人的优秀影响自己的心情，更不因别人的优秀影响自己前进的脚步。当然，我们要明白一点，嫉妒的背后是不宽广的心胸，要想少一些嫉妒之心，不让嫉妒的毒药侵染心灵，最直接的方法就是拥有一个博大宽广的胸襟，平静地看待别人的优秀，真诚地给予祝福。

对此，诺贝尔文学奖获得者伯特兰·罗素在其《快乐哲学》一书中说："嫉妒是一种罪恶，它的作用可怕，只会走向死亡与毁灭。你要摆脱这处绝望，寻找康庄大道，必须像已经扩展了的大脑一样，扩展心胸。必须学会超越自我，在超越自我的过程中，学得像宇宙万物那样广阔无边，逍遥自在。"

另外，不如人是表示自己努力不够，弟子规云："唯德学，唯才艺，不如人，当自励。"与其嫉妒，不如换个角度想想：别人付出的勤奋，我做到多少？别人的长处，我要怎么学起来？客观地评价一下自己和别人，找出一定的差距和问题，努力在自己身上下功夫，相信很快你就能取得进步，拥有幸福人生。

在这一点上，我国著名数学家华罗庚为我们树立了榜样。

华罗庚在读小学的时候，学习成绩不好，他连小学的毕业证书都没有拿到，只拿到了一张修业证书。读初中一年级的时候，他的数学课还常常不及格，同学们都讥笑他，叫他"废物"。坐在那个精英云集的教室里，华罗庚没有对自己灰心失望，更没有嫉妒学习好的人，而是常常勉励自己："别人也是人，自己也是人，别人做得到的，我也做得到，我一定要学好数学。"

华罗庚知道自己并不比别人聪明，在此后的学习中，他就用"勤能补拙"的办法：别人学习一个小时，他就学习两个小时。当别人成绩比自己好时，他总会主动研究别人为什么考得比自己好，然后取人之长补己之短。随着不断地学习，华罗庚的数学成绩日益提高，最终成了一位举世闻名的数学家。

成人之美心最美，见人之贤当思齐，这值得我们细细品味。

何必吃别人的葡萄

对待别人的东西，我们通常会有这样一种想法：别人的东西都是好的，自己的都是差的，这种心理可以称为"别人的葡萄是甜的"，于是我们时不时地想尝一尝"别人的葡萄"，无不羡慕着别人的生活。

观察一下生活，你会发现这样一种有意思的现象：孩子仰慕大人的成熟稳重，大人顾念孩子的单纯率直；女孩向往男孩的坚强豪放，男孩也会偷偷艳羡女孩的娇嗔灵动；普通人钦慕名人的卓越尊显，名人又垂涎普通人的平凡自适……

要是和别人互换一下，会不会就真的快乐了呢？未必！

在河的两岸分别住着一个和尚与一个农夫，和尚每天看农夫日出而作日落而息，生活非常充实，相当羡慕。而农夫看和尚每天无忧无虑地诵经敲钟，生活轻松，也非常向往。日子久了，他们都各自在心中渴望着："到对岸去！换个新生活！"有一天他们商量了一番，达成了交换身份的协议。

当农夫做上了和尚后，才发现敲钟诵经的工作看起来悠闲，事实上却非常烦琐，每个步骤都不能遗漏。更重要的是，僧侣生活非常枯燥乏味，这让他觉得无所适从；而成为农夫的和尚每天除了耕地除草之外，还要应付俗世的烦扰与困惑，这让他苦不堪言。于是，他们的心中又开始渴望着："到对岸去！"

看到了吗？别人的东西不一定好，就算好，也不一定适合你。而且，你是否想过，每个人都有自己的世界，你在羡慕别人的时候，也许别人也在羡慕你。既然如此，我们何必要去羡慕别人，何必要吃别人的"葡萄"呢？不如不嫉妒、不攀比，感谢上天所赐予自己的一切，珍惜自己所拥有的。

更何况，人生失意无南北，宫殿里也会有悲恸。每个人都在理想和现实的差距中努力、挣扎、痛苦着，生活没有那么美好、那么光鲜，但又都不愿让别人看到自己弱的一面，不愿让人觉得自己活得比别人差，所以展示人前的大多是风光、得意的一面，这正是羡慕别人的盲区。

一个住在十一楼的漂亮女孩失恋了，她整天抱怨自己过得不幸福，久而久之便产生了跳楼自杀的念头。当她慢慢往下坠落时，她看到了许多令自己惊讶的场景：十楼那对以恩爱著称的夫妻，正在互相殴打；九楼那个以坚强著称的女人正在偷偷地抹着眼泪；八楼阿妹的未婚夫竟然和她最好的朋友躺在床上；七楼那个整天一副得意样子的男人竟然皱着眉头在看招聘报纸；六楼的美美在吃抗抑郁药；五楼受人敬仰的老教授正在偷穿老婆的内衣；四楼的女孩又在和男友闹分手；三楼的老人每天期待着孩子回来看望自己；二楼的阿梅流着眼泪在看她那刚刚结婚不久就失踪的老公的照片。

在跳楼之前，女孩本以为自己是这个世界上最不幸的人，可现在她才明白，原来每个人都有各自不为人知的难处。看到他们之后，她觉得其实自己过得还不错。只可惜，太晚了！而当她掉在地上时，楼上所有不幸的人都发出感慨——唉，还有人比我更不幸，其实我的生活挺美好的！

现实生活中哪里有完美的人生？你在烦恼的时候，别人也在烦恼，和别人对比，你也许过得还不错，甚至正在被别人羡慕着。"比上不足，比下有余"，做不了第一，就做第二，这本身就是一种幸福和成功。弥补这个"不足"需要慢慢来，而珍惜这个"有余"，才是你现在最需要做的。

另外，你还要明白，生活是公平的，你得到了什么，都要付出一定的代价。当你羡慕别人的高收入时，不妨问问自己：你愿意像他那样每天通宵达旦地加班，彻夜不眠地思考吗？当你羡慕别人有权有势、人脉广博时，不妨问问自己：你愿意像他那样对周围复杂的人脉周全顾及，马不停蹄地奔波在各种无聊的应酬中吗？……如果你不想那么累，又何必羡慕对方呢？

一对男女步入了婚姻的殿堂，不久他们开始面对日益艰难的生计，妻子整天为缺少财富而忧郁不乐，经常羡慕周围的朋友们："阿伟一家很有钱，他们吃得好，穿得好。""小娜家的房子那么宽敞、气派，真好。"……丈夫是个很简单的人，从不和人比较，在生活中还不断寻找机会开导妻子。

一天，夫妻二人去医院看望一个朋友。朋友向他们诉苦，说自己的病是被累出来的，常常为了挣钱顾不上吃饭、睡觉。回到家，丈夫问妻子："如果现在给你一笔钱，但同时让你跟他一样整天奔跑个不停，累得躺在医院里，你愿意吗？"妻子不假思索地回答："我才不愿意呢。"

过了几天，这对夫妻去郊外散步时，经过路边的一幢漂亮别墅，妻子不由自主地停下了脚步，赞叹不已。这时，从别墅里走出来一个白发苍苍的老婆婆。丈夫又问妻子："假如现在让你住上这样的别墅，但同时要变得跟她一样老，你愿意不愿意？"妻子生气了："你胡说什么呀？给我一座金山我也不干！"

丈夫笑了，"你不愿意拿健康换财富，也不愿意拿青春换别墅，这样看来，我们原来是这么富有，我们应该感到幸福才对；此外，我们还有靠劳动创造财富的双手和大脑，你还愁什么呢？"妻子半响没有说话，她把丈夫的话细细地品味了一番，从此，她再也没和谁比较过，也变得快乐了起来。

也许，他的生活是荷塘月色般的美景，而你的生活则如雨中漫步的惬意，各有各的美丽，没有好坏，无须比较，适合自己就好。

不去羡慕别人，你的内心将变得豁达开朗，通达畅快；不去羡慕别人，你才能好好审视自己拥有的幸福，心平气和地做好自己；不去羡慕别人，你才会找到自己的生活，找到属于自己的位置，活得简单从容，过得有滋有味。正所谓："修心之路人人不同，不用比较，自己上路就是。"

别去模仿别人，保持你的本色

每一个生命都以独特的姿态存在着，并具有自己独一无二的意义。正如《遗传与你》的作者阿伦·舒恩费教授所说："对于这个世界来说，你是全新的，以前从没有过，从天地诞生那一刻一直到现在，都没有一个人跟你完全一样,以后也不会有,永远不可能再出现一个跟你完完全全一样的人。"

然而,我们周围的很多人却不懂得这个道理,他们亦步亦趋地效仿他人,希望自己长得像别人、吃得像别人、穿得像别人、住得像别人,甚至连言谈举止、说话腔调都要模仿别人,结果呢?失去了自己原有的面目,这样的生活还有什么意义,生命还有什么价值?更何况,人与人之间有着不同的遗传密码、不同的性格、不同的天分,绝不能通过简单的模仿而达成一致。

羡慕就是无知,模仿就是自杀。一个人来到这世上,不是为了模仿一个人,而是要做开心的自己,保持本色才是最大的成就。你需要永远记住这一点!在生活中,羡慕别人的优点无可厚非,但一定要记住,千万不要去试图模仿别人,而是要坚持以自己的本来面目示人,活出真正的自己。

索菲娅·罗兰生于一个穷苦人家,她自幼就有一个演员梦。然而,当她抱着演员的梦想来到罗马时,电影制片商卡洛·庞蒂却给出了否定意见,指出她的个子太高、臀部太宽、鼻子太长、嘴太大、下巴太小,他还说:"如果你真想干这一行,就得把你的鼻子、臀部、嘴巴等都'动一动',那样线条清晰而精致,会显得你冷艳而神秘,如此你就像一个意大利式的演员了。"尽管索菲娅·罗兰很想获得卡洛的认可,但她断然拒绝了这一要求。她说:"我为什么非要长得和别人一样呢?鼻子、臀部、嘴等都是我身体的一部分,我想要它们一直保持现在的样子,我真实的样子。"

接下来,索菲娅·罗兰坚持做自己,用心研究演技,最终那些关于"鼻子""嘴巴""臀部"等的非议也消失了,这些与众不同的特征反倒使她在众多女明星中间凸显出来,她不仅成了奥斯卡和戛纳的双料影后,还被誉为"世界上最具自然美的人""21世纪最美丽的女性"。后来,索菲娅·罗兰在其自传《爱情和生活》中写道:"自从开始从影,我就出于自然的本能，知道什么样的化妆、发型、衣服和保健最适合我。我谁也不模仿，我从不盲目跟着时尚走。"

索菲娅·罗兰充分认识到了自己独一无二的地位，知道自己不可能成为别人，更没有必要成为别人。她勇敢地面对自己的不同、认同自己的不同，并认真地做自己，最终形成了自己独特的风格，并因此获得了巨大的成就，这是值得我们学习的。

如果你还有模仿别人的想法，那么不妨想想美国思想家爱默生说过的一句话："人总有一天会明白，最无用的情感是羡慕和嫉妒，一味地模仿别人无异于自杀。上天赋予每个人的能力都是独一无二的，你是独具一格的。只有保持本色，你才能充分了解自身所具备的天赋。"

现在，你所需要做的非常简单：

你，愿意改变吗？

你，愿意做回你自己吗？

第七章

允许一切发生,
岁月自有馈赠

人生没有过不去的坎

"没有永久的幸福，也没有永久的不幸"，在生活中，尽管我们每个人都会遇到各种各样的挫折和不幸，而且有的人不仅仅要承受一种磨难，甚至受打击的时间可以长达几年、十几年，但是让人极度讨厌的厄运也有它的"致命弱点"，那就是它不会持久存在。

人们在遭受了生活的打击之后，总是习惯抱怨自己的命运不好，身边没有能够帮忙的朋友，家世也不好，没有可依靠的父母等等。其实抱怨并不能解决问题，当问题发生的时候，我们一定要相信——厄运不久就会远走，好运迟早会到来。

匹兹堡有一个女人，她已经35岁了，过着平静、舒适的中产阶层的家庭生活。但是，她突然连遭四重厄运的打击。丈夫在一次事故中丧生，留下两个小孩。没过多久，一个女儿被烤面包的油脂烫伤了脸，医生告诉她孩子脸上的伤疤终生难消，母亲为此伤透了心。她在一家小商店找了份工作，可没过多久，这家商店就关门倒闭了。丈夫给她留下一份小额保险，但是她耽误了最后一次保费的续交期，因此保险公司拒绝支付保费。

碰到一连串不幸事件后，女人近于绝望。她左思右想，为了自救，她决定再做一次努力，尽力拿到保险补偿。在此之前，她一直与保险公司的普通员工打交道。当她想面见经理时，一位接待员告诉她经理出去了。她站在办公室门口无所适从，就在这时，接待员离开了办公桌。机遇来了，她毫不犹豫地走进了经理的办公室，结果，看见经理独自一人在那里。经理很有礼貌地问候了她。她受到了鼓励，沉着镇静地讲述了索赔时碰到的难题。经理派人取来她的档案，经过再三思索，决定应当以德为先，给予赔偿，虽然从法律上讲公司没有承担赔偿的义务。工作人员按照经理的决定为她办理了赔偿手续。

但是，由此引发的好运并没有到此中止。经理尚未结婚，对这位年轻寡妇一见倾心。他给她打了电话，几星期后，他为寡妇推荐了一位医生，医生为她的女儿治好了病，脸上的伤疤被清除干净；经理通过在一家大百货公司工作的朋友给寡妇安排了一份工作，这份工作比以前那份工作好多了。不久，经理向她求婚。几个月后，他们结为夫妻，而且婚姻生活相当美满。

这个故事很好地阐释了厄运与好运的意义，厄运不会一直存在于我们的生活里，即使现在深陷困境，也会在不久之后等到厄运的夭折期。

易卜生说："不因幸运而故步自封，不因厄运而一蹶不振。真正的强者，善于从顺境中找到阴影，从逆境中找到光亮，时时校准自己前进的目标。"

任何时候，都不要因厄运而气馁，厄运不会时时伴随你，阴云之后的阳光很快就会来临。

冬天总会过去，春天迟早会来临

四时有更替，季节有轮回，严冬过后必是暖春，这符合大自然的发展规律。在我们人类眼中，事物的发展似乎也遵循着这一条规律，否极泰来、苦尽甘来、时来运转等成语无不反映了人们的一种美好愿望：逆境达到极点就会向顺境转化，坏运到了尽头好运就会到来。所以，我们坚信，没有一个冬天不可逾越，没有一个春天不会来临。这是对生活的信心，也是对生活的希望，有了信心与希望，无论事情多糟糕，我们也会有面对现实的勇气和决心。

约翰是一个汽车推销商的儿子，是一个典型的美国孩子。他活泼、健康，热衷于篮球、网球、垒球等运动，是中学里一个众所周知的优秀学生。后来，约翰应征入伍，在一次军事行动中，他所在部队被派遣驻守一个山头。激战中，突然一颗炸弹飞入他们的阵地，眼看即将爆炸，他果断地扑向炸弹，试图将它丢开。可是炸弹却爆炸了，他重重地倒在地上，当他向后看时，发现自己的右腿和右手全部被炸掉，左腿变得血肉模糊，也必须截掉了。一瞬间他想哭，却哭不出来，因为弹片穿过了他的喉咙。人们都以为约翰再也不能生还，但他却奇迹般地活了下来。

是什么力量使他活了下来？是格言的力量。在生命垂危的时候，他反复诵读贤人先哲的这句格言："如果你懂得苦难磨炼出坚韧，坚韧孕育出骨气，骨气萌发出不懈的希望，那么苦难最终会给你带来幸福。"约翰一次又一次默念着这段话，心中始终保持着不灭的希望。然而，对于一个三截肢（双腿、右臂）的年轻人来说，这个打击实在太大了！在深深的绝望中，他又看到了一句先哲格言："当你被命运击倒在最底层之后，再能高高跃起就是成功。"

回国后，他步入了政界。他先在州议会工作了两届。然后，他竞选副州长失败。这是一次沉重的打击。但他用这样一句格言鼓励自己："经验不等于经历，经验是一个人经过经历所获得的感受。"这指导他更自觉地去尝试。紧接着，他学会驾驶一辆特制的汽车并跑遍全国，发动了一场支持退伍军人的事业。那一年，总统命他担任全国复员军人委员会负责人，那时他34岁，是在这个机构中担任此职务的最年轻的一个人。约翰卸任后，回到自己的家乡。1982年，他被选为州议会部长，1986年再次当选。

后来，约翰已成为亚特兰城一个传奇式人物。人们可以经常在篮球场上看到他摇着轮椅打篮球。他经常邀请年轻人与他进行投篮比赛。他曾经用左手一连投进了18个空心篮。一句格言说："你必须知道，人们是以你自己看待自己的方式来看你的。你对自己自怜，人家则会报以怜悯；你充满自信，人们会待以敬畏；你自暴自弃，多数人就会嗤之以鼻。"一个只剩一条手臂的人能成为一名议会部长，能被总统赏识担任一个全国机构的要职，是这些格言给了他力量。同时，他的成功也成了这些格言的有力佐证。

天无绝人之路，生活有难题，同时也会给我们解决问题的能力与方法。约翰之所以能够生存下来并创造事业的辉煌，是因为他坚信人生没有过不去的坎儿，坚信冬天之后春天会来临。他在困难面前没有低头，而是昂首挺进，直至迎来了生命的春天。

生活并非总是艳阳高照，狂风暴雨随时都有可能来临。但是每一个人都需要将自己重新打理一下，以一种勇敢的人生姿态去迎接命运的挑战。请记住，冬天总会过去，春天总会来到，太阳也总要出来的。度过寒冬，我们一定会生活得更好。

错误往往是成功的开始

曾经有人做过分析后指出，成功者成功的原因，其中一条很重要，就是"随时矫正自己的错误"。一个渴望成功、渴望改变现状的人，绝对不会因一个错误而停止前进的脚步，他必定会找出成功的契机，继续前进。

一位老农场主把他的农场交给一位外号叫"错错"的雇工管理。农场里有位堆草垛手心里很不服气，因为他从来都没有把错错放在眼里。他想，全农场哪个能够像我那样，一举挑杆子，草垛便像中了魔似的不偏不倚地落到预想的位置上？回想错错刚进农场那会儿，连杆子都拿不稳，掉得满地都是草，有的甚至还砸在自己的头上，非常可笑。等他学会了堆草垛，又去学割草，留下歪歪斜斜、高高低低一片狼藉；别人睡觉了，他半夜里去了马房，观察一匹病马，说是要学学怎样给马治病。为了这些古怪的念头,错错出尽了洋相,不然怎么叫他"错错"呢?

老农场主知道堆草高手的心思,邀请他到家里喝茶聊天。老农场主问:"你可爱的宝宝还好吗?平时都由他们的妈妈照顾吧?"高手点点头,看得出来他很喜欢他的孩子。老人又说:"如果孩子的妈妈有事离开,孩子又哭又闹怎么办呢?""当然得由我来管他们啦,孩子刚出生那阵子真是手忙脚乱哩,不过现在好多了。"高手说。

老人叹了一口气,说:"当父母可不易哦。随着孩子的渐渐长大,你需要考虑的事情还有很多很多,不管你愿意不愿意,因为你是父亲。对我来说,这个农场也就是我的孩子,早年我也是什么都不懂,但我可以学,也经过了很多次的失败,就像'错错'那样,经常遭到别人的嘲笑。"

话说到这个节骨眼上,堆草高手似乎领会了老人的用意,神情中露出愧色。

"优胜劣汰"成为一种必然。但现在人们开始认同另一种说法:成功,就是无数个"错误"的堆积。

错误是这个世界的一部分,与错误共生是人类不得不接受的命运。

错误并不总是坏事,从错误中汲取经验教训,再一步步走向成功的例子也比比皆是。因此,当出现错误时,我们应该像有创造力的思考者一样了解错误的潜在价值,然后把这个错误当作垫脚石,从而产生新的创意。事实上,人类的发明史、发现史到处充满了错误假设和错误观点。哥伦布以为他发现了一条到印度的捷径;开普勒偶然间得到行星间引力的概念,他这个正确假设正是从错误中得到的;再说爱迪生还知道几千种不能用来制作灯丝的材料呢。

错误还有一个好用途,它能告诉我们什么时候该转变方向。只有适时转变方向,才不会撞上失败这块绊脚石。

别为了关上的门而痛苦，老天还为你留了一扇窗

生活中，我们往往看到的只是事物的一个侧面，这个侧面让人痛苦，但痛苦却可以转化。蚌因身体嵌入砂粒，伤口的刺激使它不断分泌物质来疗伤，如此，就出现一颗晶莹的珍珠。哪颗珍珠不是由痛苦孕育而成？可见，任何不幸、失败与损失，都有可能成为对我们有利的因素。

1900年前，在意大利的庞贝古城里，有一个叫莉蒂雅的卖花女孩。她自小双目失明，但并不自怨自艾，也没有垂头丧气地把自己关在家里，而是像常人一样靠劳动自食其力。

不久，一场毁灭性的灾难降临到了庞贝城。没有任何预兆的维苏威火山突然爆发，数亿吨的火山灰和灼热的岩浆顷刻间把庞贝城给吞没了。

整座城市被笼罩在浓烟和尘埃中，漆黑如无星的午夜。惊慌失措的居民跌来碰去寻找出路，却无法找到。许多人来不及逃脱，被活活埋葬；有些人设法躲入地窖，但因熔岩和火山灰层的覆盖而窒息，也没有幸免。城中2万多居民大部分逃到了别处，但仍有2000多人遇难。由于盲女莉蒂雅这些年走街串巷地卖花，她的不幸这时反而成了她的大幸。她靠着自己的触觉和听觉找到了生路，而且还救了许多人。残疾，成为她的财富。

生活中谁都难免遭遇挫折，只要你树立信心，继续努力，生活中，肯定会有"柳暗花明又一村"的新景象。

西娅在维伦公司担任高级主管，待遇优厚。很长一段时间，她都为到底去什么地方度假而烦恼。但是情况很快就变得糟糕起来。为了应对激烈的竞争，公司开始裁员，而西娅则是被裁掉的一员。那一年，她43岁。

"我在学校一直表现不错！"她对好友墨菲说，"但没有哪一项特别突出。后来，我开始从事市场销售。在30岁的时候，我加入了那家大公司，担任高级主管。"

"我以为一切都会很好,但在我43岁的时候,我失业了。那感觉就像有人给了我的鼻子一拳。"她接着说,"简直糟糕透了。"

西娅似乎又回到了那段灰暗的日子,语气也沉重了许多。但是,不久她凭借自己的优势找到了工作,两年后,她已经拥有了自己的咨询公司。

"被裁员是一件糟糕的事情,但那绝对不是地狱。也许,对你自己来说,可能还是一个改变命运的机会,比如现在的我。重要的是如何看待。我记得那句名言,世界上没有失败,只有暂时的不成功。"西娅真诚地对墨菲说。

在人的一生中,每个人都不能保证事业上能够一帆风顺。很多人刚刚步入社会,自身的经验、才能都尚在成长之中,加上社会上竞争激烈,各个用人单位对人才的要求不尽相同,这期间面试遭淘汰,或者工作不适应被辞退,这些都是很正常的事情。你不必为此感到屈辱,耿耿于怀。

世界充满了就业的机遇,也充满了被淘汰的可能。被淘汰不一定是坏事,也许这正是上帝在以另一种方式告诉你:你未尽其才,你需要寻找更适合你发展的空间。

人生总是从寂寞开始

曾有人在谈及寂寞降临的体验时说:"寂寞来的时候,人就仿佛被抛进一个无底的黑洞,任你怎么挣扎呼号,回答你的,只有狰狞的空间。"的确,在追寻事业成功的路上,寂寞给人的精神煎熬是十分厉害的。想在事业上有所成就,自然不能像看电影、听故事那么轻松,必须得苦修苦练,必须得耐疑难、耐深奥、耐无趣、耐寂寞,而且要抵得住形形色色的诱惑。能耐得住寂寞是基本功,是最起码的心理素质。耐得住寂寞,才能不赶时髦,不受诱惑,才不会浅尝辄止,才能集中精力潜心于所从事的工作。耐得住寂寞的人，等到事业有成时，大家自然会投来钦佩的目光，这时就不寂寞了。而有着远大志向却耐不住寂寞，成天追求热闹，终日浸泡在欢乐场中，一混到老，最后什么成绩也没有的人，那就将真正寂寞了。其实，寂寞不是一片阴霾，寂寞也可以变成一缕阳光。只要你勇敢地接受寂寞，拥抱寂寞，以平和的爱心关爱寂寞，你会发现：寂寞并不可怕，可怕的是你对寂寞的惧怕；寂寞也不烦闷，烦闷的是你自己内心的空虚。

曾获得奥斯卡最佳导演奖的华人导演李安，在去美国电影学院读书时已经26岁，遭到父亲的强烈反对。父亲告诉他：纽约百老汇每年有几万人去争几个角色，电影这条路是走不通的。李安毕业后7年，整整7年，他都没有工作，在家做饭带小孩。有一段时间，他的岳父岳母看他整天无所事事，就委婉地告诉女儿，也就是李安的妻子，准备资助李安一笔钱，让他开个餐馆。李安自知不能再这样拖下去，但也不愿拿丈母娘家的资助，决定去社区大学上计算机课，从头学起，争取可以找到一份安稳的工作。李安背着老婆硬着头皮去社区大学报名，一天下午，他的太太发现了他的计算机课程表。他的太太顺手就把这个课程表撕掉了，并跟他说："安，你一定要坚持自己的理想。"

因为这一句话，这样一位明理聪慧的老婆，李安最后没有去学计算机，如果当时他去了，多年后就不会有一个华人站在奥斯卡的舞台上领那个很有分量的大奖。

李安的故事告诉我们，人生应该做自己最喜欢、最爱的事，而且要坚持到底，把自己喜欢的事发挥得淋漓尽致，必将走向成功。如果你真正的最爱是文学，那就不要为了父母、朋友的谆谆教诲而去经商，如果你真正的最爱是旅行，那就不要为了稳定而选择一个一天到晚坐在电脑前的工作。你的生命是有限的，但你的人生却是无限精彩的。也许你会成为下一个李安。

但你需要耐得住寂寞，7年你等得了吗？很有可能会更久，你等得到那天的到来吗？别人都离开了，你还会在原地继续等待吗？

一个人想成功，一定要经过一段艰苦的过程。任何想在春花秋月中轻松获得成功的人实际上距离成功遥不可及。这寂寞的过程正是你积蓄力量，开花前奋力地汲取营养的过程。如果你耐不住寂寞，成功永远不会降临于你。

砸烂差的，才能创造更好的

成功的人往往都是一些不那么"安分守己"的人，他们绝对不会因取得一些小小的成绩而沾沾自喜，他们知道满足于眼前那点小成就会阻碍自己继续前行的脚步。因此，只有砸烂差的，才能创造更好的。

一位雕塑家有一个 12 岁的儿子。儿子要爸爸给他做几件玩具，雕塑家只是慈祥地笑笑，说："你自己不能动手试试吗？"

为了做好自己的玩具，孩子开始注意父亲的工作，常常站在大台边观看父亲运用各种工具，然后模仿着运用于玩具制作。父亲也从来不向他讲解什么，放任自流。

一年后，孩子好像初步掌握了一些制作方法，玩具做得颇像个样子。这样，父亲偶尔会指点一二。但孩子脾气倔，从来不将父亲的话当回事，我行我素，自得其乐。父亲也不生气。

又一年，孩子的技艺显著提高，可以随心所欲地摆弄出各种人和动物形状。孩子常常将自己的"杰作"展示给别人看，引来诸多夸赞。但雕塑家总是淡淡地笑，并不在乎似的。

忽然有一天，孩子存放在工作室的玩具全部不翼而飞，他十分惊疑！父亲说："昨夜可能有小偷来过。"孩子没办法，只得重新制作。

半年后，工作室再次被盗！又过了半年，工作室又失窃了。孩子有些怀疑是父亲在捣鬼：为什么从不见父亲为失窃而吃惊、防范呢？

偶然一天夜晚，儿子夜里没睡着，见工作室灯亮着，便溜到窗边窥视：父亲背着手，在雕塑作品前踱步、观看。好一会儿，父亲仿佛作出某种决定，一转身，拾起斧子，将自己大部分作品打得稀巴烂！接着，将这些碎土块堆到一起，放上水重新和成泥巴。孩子疑惑地站在窗外。这时，他又看见父亲走到他的那批小玩具前，只见父亲拿起每件玩具端详片刻，然后，父亲将儿子所有的自制玩具扔到泥堆里搅和起来！当父亲回头的时候，儿子已站在他身后，瞪着愤怒的眼睛。父亲有些羞愧，温和地抚摸儿子的脸蛋，吞吞吐吐道："我……是……哦，是因为……只有砸烂较差的，我们才能创造更好的。"

10年之后，父亲和儿子的作品多次同获国内外大奖。

父亲不愧是位雕塑家，他不但深谙雕塑艺术品，更懂得雕塑儿子的"灵魂"。

每一个渴望出人头地的人都必须谨记：只有不断砸烂较差的，你才能完全没有包袱，创造出更好的，走上成功的殿堂。

不要让自己成为"破窗"

美国斯坦福大学心理学家詹巴斗曾做过这样一项实验：他找来两辆一模一样的汽车，一辆停在比较杂乱的街区，一辆停在中产阶级社区。他把停在杂乱街区的那辆车的车牌摘掉，顶棚打开，结果一天之内就被人偷走了；而摆在中产阶级社区的那一辆过了一个星期仍安然无恙。后来，詹巴斗用锤子把这辆车的玻璃敲了个大洞，结果，仅仅过了几个小时，它就不见了。

以这项试验为基础，政治学家威尔逊和犯罪学家凯琳提出了破窗理论：

如果有人打破了一个建筑物的窗户玻璃，而这扇窗户又得不到及时的维修，别人就可能受到某些暗示性的纵容去打烂更多的窗户玻璃。久而久之，这些破窗户就给人造成一种无序的感觉。结果在这种公众麻木不仁的氛围中，犯罪就会滋生、增长。破窗理论给我们的启示是：必须及时修好"第一扇被打碎的窗户玻璃"。

因此，若你成为那扇破窗，那么最先被淘汰出局的人就是你。

美国有一家以极少辞退员工著称的公司。一天，资深熟练车工杰克为了赶在中午休息之前完成三分之二的零件，在切割台上工作了一会儿之后，他就把切割刀前的防护挡板卸下放在一旁，没有防护挡板，收取加工零件会更方便更快捷一点。大约过了一个多小时，杰克的举动被无意间走进车间巡视的主管逮了个正着。主管雷霆大怒，除了让杰克立即将防护板装上之外，又站在那里大声训斥了半天，并声称要作废杰克一整天的工作量。

事到此时，杰克以为也就结束了。没想到，第二天一上班，有人通知杰克去见老板。在那间杰克受过好多次鼓励和表彰的总裁室，杰克听到了要将他辞退的处罚通知。总裁说："身为老员工，你应该比任何人都明白安全对公司意味着什么。你今天少完成了零件，少实现了利润，公司可以换个人、换个时间把它们补起来，可你一旦发生事故失去健康乃至生命，那是公司永远都补偿不起的……"

离开公司那天，杰克流泪了，工作的几年时间里，杰克有过风光，也有过不尽如人意的地方，但公司从没有人说他不行。可这一次不同，杰克知道，他这次触及了公司灵魂中的东西。

这个小小的故事向我们提出这样一个警告：一些影响深远的"小过错"通常能产生无法估量的危害，没能及时修好自己"打碎的窗户玻璃"也许会毁了自己的职业生涯。所以，任何一个人，一定要避免让自己成为一扇"破窗"。

第八章

活出属于自己的松弛感，
有力量而不紧绷

平常心：淡泊生活的姿态

在这个个性张扬、浮躁忙乱、追逐物质享受的世界，不少人的内心被撩拨得蠢蠢欲动，在起伏变化面前很难保持同一个状态，总会有情绪的波动，甚至被患得患失所奴役，被钩心斗角所左右，随之而来的必然是痛苦和烦恼。这时候，拥有一颗平常心，让心沉静下来，就显得愈加珍贵了。

平常心看似平常，其实不平常。平常心贵在平常，不以物喜，不以己忧；利不能诱，邪不可干；波澜不惊，生死不畏；无时不乐，无时无忧。"宠辱不惊，看庭前花开花落；去留无意，望天上云卷云舒。"这是一种超然的生活态度。

慧海禅师修行多年，功德无量，许多人慕名拜其为师。有一个人问慧海禅师，他和常人有什么区别，禅师答道："我最与众不同的地方就是感到饿了的时候会吃饭，感觉到困倦就睡觉。"

那人有些疑惑，便问道："大家不都是这个样子的吗？这算什么与众不同呢？"

慧海禅师答："我吃饭的时候什么都不想，只是饿了而已；我睡觉也只是因为困倦，睡得安稳从不做梦。而世间的人大多数在吃饭的时候都想着其他的事，不专心；睡觉前也总是想这想那，睡得异常不安稳还做梦。"

见那人仍有疑惑，慧海禅师接着说："世间百态，往往缺少的是一颗平常心。生命的意义也没有隐藏很深，该吃的时候吃，该睡的时候睡，如果能够将心融进生活的一点一滴当中，学会凡事平常心以待，那么一切浮华都将如过眼云烟，我们的人生便能平淡，我们也就能感受到生命的真谛。"

慧海禅师心底的那份从容、淡定、宁静，无论外界有着怎样的喧嚣变幻，自己的内心都风平浪静、波澜不惊，保持一种荣辱看淡、物我两忘，不以物喜、不以己悲的状态，这是一种多么绝佳的禅意姿态。

正如台湾作家林清玄所说："平常心是无心的妙用。心里想着要睡一个好觉的人往往容易失眠，心里计划着要有一个美好人生的人总是饱受折磨……唯有保持一种平常心，内外都柔软，不预设立场的人，才能一心一境，情景交融，达到一体心的境界。"

弘一法师，俗名李叔同，清光绪年间生于富贵之家，他精于诗词、书画、篆刻、音乐、戏剧和文学。但是，正当盛名如日中天，正享荣华之时，李叔同却彻底抛却了一切世俗享受，到虎跑寺削发为僧了，自取法号弘一，落尽繁华，归于岑寂。出家24年，他的被子、衣物等，一直是出家前置办的，一把洋伞则用了30多年。所居寮房，除了一桌、一橱、一床，别无他物。他持斋甚严，每日早午二餐，过午不食，饭菜极其简单。

弘一法师以教印心，以律严身，内外清净，写出了《四分律比丘戒相表记》《南山律在家备览略编》等重要著作……他在宗教界声誉日隆，一步一个脚印地步入了高僧之林，成为誉满天下的大师，中国南山律宗第十一代祖师。正因如此，对于李叔同的出家，丰子恺在《我的老师李叔同》一文中说："李先生的放弃教育与艺术而修佛法，好比出于幽谷，迁于乔木，不是可惜的，正是可庆的。"

前半生享尽了荣华富贵，后半生却剃度为僧，这种变化在常人看来不可思议，甚至在心理上难以承受，而弘一法师却自然地完成了这一转化，并且做得认认真真，平心静气，这是何其平常而又不寻常啊！没有一颗对待人生的平常心，能达到这种"绚烂之极归于平淡"的境界吗？

由此可见，以平常心面对一切，不是懦夫的自暴自弃，不是无奈的消极逃避，不是对世事的无所追求，而是人生智慧的提炼，是生命境界的觉悟。这需要修行，需要磨炼，需要善于调节自己的心态，并能在任何场合下保持最佳的心理状态，充分发挥自己的水平，施展自己的才华，从而实现完满"自我"。

事事平常，事事不平常。平常心看似平常，实不平常。

跟着蜗牛去散步

生活节奏的加快，工作压力的加大，贫富的悬殊，社会的诱惑，让很多人已经习惯了忙忙碌碌、你追我赶的生活，结果内心失去了安定与平静，精神被紧张、浮躁、不安和焦灼所折磨，少了一份从容，少了一份镇定，总是感到迷茫、彷徨，没有方向，根本来不及品味生活的滋味。

当我们每天为了生活疲于奔命的时候，生活正离我们远去。既然如此，为何不让自己的生活慢下来？也许有人会说，生活哪里是自己控制得了的，人人都在奔跑，自己是身不由己啊。诚然，我们不可能让生活慢下来，但是，我们至少能够让此刻的自己松懈下来，让自己的心静一点。

一个哲人说："上帝给我分派了一个任务，让我牵一只蜗牛出去散步。于是，我就照做了。在途中，我走得很慢，尽管蜗牛已经在尽力地爬，可每次总是挪动那一点点距离。于是，我开始不停地催促它，吓唬它，责备它。蜗牛也只是用抱歉的眼光看着我，仿佛说自己已经尽力了。我恼怒了，就不停地拉它，扯它，甚至想踢它，蜗牛也只是受着伤，喘着气，卖力地往前爬。

"我想，这真是太奇怪了，为什么上帝要我牵一只蜗牛去散步呢？于是，我开始仰天望着上帝，天上一片安静。我想，反正上帝都不管它了，我还管它干什么，任由蜗牛慢慢往前爬吧，我想丢下它，独自往前赶路。我就放慢了脚步，想将它放下，静下心来……咦？忽然闻到了花香，原来这边有个花园,我感到微风吹来,原来此刻的风如此温柔……而我以前怎么都没有体会到呢?

"我这才想起来,莫非是我错了,原来是上帝叫蜗牛牵我来散步的……"

时间不可能停止,思维不可以停滞,唯一应该而且可以停下的,是我们一直匆匆忙行的脚步。我们之所以忙碌,是因为我们总是在内心苛求自己忙碌。如果我们不去苦苦苛求自己,让此刻的自己松懈下来,走慢一点,那么,时间就不会那么匆忙,精神也将不再时刻处于紧绷的状态。

你的内心安宁祥和吗?你的灵魂跟得上身体的脚步吗?这需要你时常和自己的心灵对话,问问自己:我是否时常感到烦恼、焦虑、不安?我是否整天被很多琐事羁绊?我想要的是现在的样子吗?我得到了什么,失去了什么?如果生命就这样走完,我会不会有遗憾?……

放慢生活的脚步,跟着蜗牛去散步。不因为忙碌的工作,浮躁了自己的心灵;不因为忙碌的节奏,打乱了自己的清闲;不因为忙碌的日子,错过了沿途的风景!内心多安宁,生活多简单,幸福不过如此。

克服浮躁心态,内心安定下来

在生活中,你是否有过这样一些表现:常常心不在焉,常常焦躁不宁,常常没有耐心做完一件事,同时又梦想一夜暴富。总之,干事情耐不住性子、放不下身子、坐不热凳子,急功近利,静不下心来……这是因为——你太浮躁了。

浮躁就是心浮气躁。心不稳,气不沉,受到外界冲击就会丧失定力。浮躁的表现形式不同,但其带来的后果一致,即一旦被浮躁控制,不管你能力有多好,你都很难静下心来想问题,不能脚踏实地地做事,东一棒槌西一榔头，在无尽的忙乱中消耗生命。

晓莉是某知名大学管理系的高才生，她成绩优秀，能力出众，周围人都看好她的未来，但事实并非如此。晓莉毕业后参加了多个招聘会，她想找一个中层管理者的职位，但是她又没有工作经验，结果始终没有找到合适的工作，看到以前那些不如自己的同学都顺利上班了，她心里不免着急起来。

为了摆脱这个尴尬的局面，晓莉不得已先找了一个简单的工作，在一家公司做文秘。可是，她总认为自己一个堂堂本科生，做这个工作很屈才，于是总是抱怨这抱怨那，就这样浑浑噩噩过了几个月，晓莉就跳槽到了一家私企。这回，晓莉如愿坐到了经理助理的位置，但她还是无法踏实工作，认为这里发展空间太小，不是自己想要的，对工作总是漫不经心、敷衍了事，结果出错不断，半年后惨遭开除。

晓莉并非无能无才，却因为急功近利、好大喜功，而丧失理性，眼高手低，不能脚踏实地地工作，耐住性子想问题，结果尽管工作很简单，她却做不好，丢掉了手中的饭碗不说，到头来还一事无成，令人可悲可叹！

俗话说，"成以敬业，毁于浮躁"，什么事情都有一个过程，饭要一口口地吃，书要一句句地读，成功往往不会一蹴而就，而是需要一连串的奋斗。因此，你若想获得一定的人生成就，想实现人生的价值，就必须克服浮躁的心态。不被各种琐事烦扰，不为繁杂的表象迷惑，保持内心的安定。

"非淡泊无以明志，非宁静无以致远。"宁静之所以能够致远，是因为只有心静下来，才能坐得住，才能不为外界纷争所纠缠、羁绊。因此，我们对待事物的正确态度应该是：使自己的心安定下来，脚踏实地、扎扎实实地做好手边事，目标要实际，过程要坚实。

还记得《世说新语》上的一则小故事吗？春秋名相管仲后代管宁和好友华歆一起读书时，管宁嫌华歆静不下心，耐不住寂寞，一会儿去街上看敲锣打鼓,一会儿听窗外的小鸟叽叽喳喳,便与之"割席绝交"。与华歆不同,管宁读书时全心投入,不为外界所动,最终成了学富五车、满腹经纶的大学者。至今,管宁留给我们的不仅是那登峰造极的学问,还有他内心安定、专心做学问的求实作风。

不浮躁,才能没有妄念;不浮躁,才能不拘外欲;不浮躁,才能潜心悟道;不浮躁,才能不妄为……生活是很简单也很公平的,你付出多少它就回报你多少,它总是偏爱那些不浮躁的人!拒绝浮躁,也就是拒绝平庸!

一个荷兰青年中学毕业后前往大城市找工作,但是由于他学历低、经验少,屡次碰壁,便又回到了小镇上。但小镇上也没有太好的工作适合他,实在没有办法,他只有到镇政府去看大门。看门的工作太清闲了,他得做些什么,考虑再三,他决定选择既费时又费工的打磨镜片作为自己的业余爱好。

他不紧不慢、不慌不忙地沉着性子打磨镜片,日复一日,月复一月,年复一年,不知不觉磨了六十年,他从一个须发乌黑、英姿飒爽的小青年变成了一位须发斑白、背驼腰弯的老者。靠着这份认真、耐心、细致,他的技术早超过了专业技师,他磨的镜片的放大倍数比别人的都要高。拿着自己研磨的镜片,他居然发现了当时科技界尚未知晓的另一个广阔的世界——微生物世界。

这一发现震惊了整个世界,从此他名声大振。为了表彰他为科学做出的杰出贡献,只有中学文化的他被授予了法国巴黎科学院院士、英国皇家学会会员的头衔,就连英国女王都感到惊奇,特地不远万里来小镇上拜会他。他就是科学史上大名鼎鼎的荷兰科学家万·列文虎克!

难以想象,六十年的岁月,一种单调的重复劳动,这需要多大的韧性。而万·列文虎克除了拥有智慧与执着之外,更重要的是他不浮躁,他能够尽力排除来自外界的干扰,把心静下来,用"心"来做事,并且持之以恒、任劳任怨。也正因此，他发明了别人没有发明、令世界震惊的显微镜。

把心静下来吧，让浮躁远离我们，从而保持对生活的掌控，自在地享受人生。

专注做事，斩断乱麻

面对内心的浮躁、生活的烦恼，最有效的抵御方法是"专注"，即专心致志，全神贯注。古训说得好："心散则志衰，志衰则思不达。"人的时间和精力都是有限的，心沉静不下来，注意力不集中，不能抗拒潮流的冲击，不能摆脱外物的诱惑，往往会将手上的事情搞得一团糟，不由得心情烦躁。

学着专注一点吧！"专注"是一种锲而不舍、全神贯注的追求，它是一种有力的"心智盾牌"，意味着抵挡那些慵懒的诱惑，抵挡那些浮躁的诱惑，抵挡那些放弃的诱惑，以专注明辨是非，以专注坚定信念，以专注创造奇迹。它不但需要有魄力，还需要有定力。

杰里米·瓦里纳是美国田径新生代的灵魂人物，在2004年雅典奥运会上，他获得了男子400米冠军、4×400米接力冠军。在2005年世界田径锦标赛上，他又获得男子400米冠军、4×400米冠军。而且，瓦里纳是自1964年后美国第一个在400米项目上"夺牌"的白人选手。

对于自己的成功，瓦里纳给出的秘诀是——墨镜。在赛场上瓦里纳总是戴着一副墨镜飞奔，在很多人眼里眼镜是一种负累，但是瓦里纳却说："没关系，黑色的镜片可以让我把对手都挡在视线之外，从而沉浸在自己的内心世界里，可以更专注于自己的比赛。"

迈克尔·约翰逊是当时世界上400米成绩的世界纪录的保持者，他是瓦里纳意图超越的对象，也是瓦里纳的经纪人兼生活、训练的导师，而约翰逊也只服务于瓦里纳这唯一的顾客，因为他看好瓦里纳，觉得他不普通，约翰逊说:"他让我印象最深刻的一点,是那种全神贯注的能力。"

戴着墨镜奔跑,只是为了让自己全神贯注去比赛。一副小小的墨镜,竟是一位世界冠军的制胜法宝,由此可知"专注"的力量有多么伟大!

与杰里米·瓦里纳类似的,还有美国励志电影《阿甘正传》中的阿甘。阿甘先天身体残疾,智力不足,但他始终铭记妈妈的忠告:"专心做事"。在军队训练拆卸手枪时,一个黑人不停地说话,阿甘则专注地干,他把枪卸掉装好,那个黑人还没有卸好;赛跑时他什么都不顾,只知道不停地跑,他跑过了儿时同学的歧视,跑过了大学的足球场,成为出色的国家运动员;打乒乓球时他就只盯着球,其他什么事情也不想。每一件事他都全身心地投入,最后他活得比其他人都有意义。

生活中我们经常遇见一些让人心动的诱惑,但是假如我们能够收住自己的心,专注一点,专注内心的安宁,专注于既定的目标,专心于眼前的事情,执着如一、不懈努力,不受外界的影响和干扰,那么生活中就没有那么多复杂的事情,我们的身心会愉悦不少,而且往往容易与成功邂逅。

玛丽是某一商务区快餐厅的服务员,她为自己定了一条工作原则:除非有特殊或紧急的事件要处理,否则就要全身心地投入到工作中去,把所有的精神集中在眼前的顾客上。每天中午快餐厅内人潮汹涌,时间宝贵的上班族们争先恐后地点餐,可玛丽看起来一点也不匆忙和紧张。

"您好,请问您要点什么?"玛丽一边询问眼前的女顾客,一边飞快地填写点餐单。一个男子焦急地跑过来,试图插话。玛丽态度坚决,但很客气地说:"您好,请去后面排队。"说完继续和眼前的顾客说话:"您只需要这些是吗?请您到用餐区等候。"女顾客转身离开,玛丽立即将注意力转移到下一位顾客身上。一会儿,刚才的女顾客又回头说:"我还想加些东西。"这一次,玛丽已经集中精神在眼前的顾客身上,她礼貌地对女顾客说了一句:"请您稍等!"等到这位顾客满意离开后,玛丽这才立即将目光转向女顾客,"请问您还要加些什么?"

三个月后,玛丽被老板评选为"最能干、最高效的服务员"。有同事问:"整天面对那么多的顾客,那么多的事情,我们都忙得团团转,工作没有头绪,你是如何做到让每个顾客满意,并且使自己得心应手、轻松自如的?"玛丽轻轻一笑,回答道:"没什么特别的,我只是单纯处理一位顾客,忙完一位才换下一位,一次只服务一位顾客,专心服务于眼前的每一位顾客。"

从现在开始,专注做事,让沸腾的心沉静下来,不让其他事情扰乱心神。只要我们能够保持这种状态,就能将生活的乱麻斩断,造就有滋有味的人生。

走自己的路,让别人去说吧

一个农夫与儿子共同赶着一头驴到附近的市场去做买卖。没走多远,父子俩就看见几个路人对他们指指点点,其中一个人大声喊道:"你们见过像他们这样的傻瓜吗?有驴子不骑,宁愿自己走路。"听到这话,农夫心中很是在意,立刻让儿子骑上了驴,自己则在后面跟着走。

走了一会儿,他们又遇见一群老人,只听他们哀叹道:"你们看见了吗?现在的老人可真是可怜。看那个孩子只顾自己骑着驴,却让年老的父亲在地上走路。"农夫听到这话,连忙让儿子下来,自己又骑上去。

走了一半的路程时,父子俩又遇上一群孩子,几位孩子七嘴八舌地乱喊乱叫着:"嘿,你们瞧那个狠心的爹,他怎么能自己骑着驴,让孩子跟在后面走呢?"农夫听罢,又立刻叫儿子上来,与他一同骑在驴背上。

快到市场时,又听到有人说:"哟,这驴多惨啊,竟然驮着两个人,真怀疑这是不是他们自己的驴。"另一个人插嘴说:"哦,谁能想到他们这么骑驴啊，瞧，驴都累得气喘吁吁了，这样的驴哪有人肯买啊。"

听罢这话，农夫对儿子说："怎么骑驴都是错，依我看，不如咱们两个人抬着驴子走。"于是，他和儿子急忙从驴上跳下来，用绳子捆上驴的腿，找了一根棍子将这头驴抬起来，卖力地向前赶路。

当父子俩使出了浑身的劲儿将这头驴抬过闹市入口的小桥上时，又引起了桥头一群人的哄笑。哄笑声使驴子受了惊吓，它挣脱了捆绑，撒腿就跑，不想却失足落入河中，淹死了。农夫最终空手而归，他既懊恼又羞愧。

故事中的父子十分可笑。然而，生活中的你是不是也有过这样的经历呢？常常因为别人的不满意而烦恼不已，费尽心思迎合每一个人。小心翼翼地过活，做事放不开手脚，他人要求怎么做就怎么做，唯恐有人不满意，但结果还是会有人不满意，所以我们为此又开始劳心伤神。

但仔细想想，别人的看法真的是这样的吗？归根结底是我们内心的波动罢了。这如同我们疯狂地转动舞步，一刻不停，在众人的喝彩声中终于以一个优美的姿势为人生画上句号，但是内心不确定这样做的意义，这一路的风光和掌声，最后带来的只会是说不出的空虚和迷茫，疲惫和厌倦。

更何况，世界之大，社会之杂，每个人的利益是不一致的，每个人的立场，每个人的主观感受也是不同的。古今中外对此早有论断，并且存有某种默契的一致：西方人说"一千个读者眼中就有一千个哈姆雷特"，东方人言"萝卜青菜，各有所爱"。

我们或者委曲求全，或者甘于现状，或者平凡如己，或者胸怀天下，但总会遇到一点不可改变的。因为承担着"青菜"的角色，即使我们千般小心万般在意，也势必会或多或少地遭到"萝卜们"的不满，照样无法使所有人都接受自己，要变成萝卜吗？不可能，也没有那个必要。

所以，当众口难调时，别忙着改变自己，附和他人的口味。重要的是，"走自己的路，让别人去说吧"。知道自己的路，明辨所追求的目标，笃定地踏实每一步，不必去在意别人怎么想、怎么看。有了这种简单的坚持，内心就能没有杂念，思想就能变得空灵，生活变得简单而易行。

一天，一位很肥胖的妇人和朋友到一家服装专卖店买衣服，她长得实在是太"丰满"了，引得导购员们窃窃私语。朋友听闻有些尴尬地转告妇人，谁知妇人却不以为然，而是很平静地说："胖怎么啦，胖自己的，又不碍别人的事。"

最后，这位妇人花了几百元买了一套名牌内衣，朋友问她，"买这么高档的内衣穿在里面，别人又看不到岂不可惜？"她淡淡地回答，"我穿衣服是为了自己舒服，自己高兴，又不是给别人看的。"

的确，别人的满足并不是我们的幸福，我们的真实想法是最重要的，别人的目光纵有千千万，也比不上对自我心灵的诚实。专注内心的安宁，不必太在意他人的看法，自己决定自己的生活，走自己的路。任凭别人对自己摇头叹气，自己过得快乐，叹气的不是我们自己就行了。

别在成功面前倒下

一位知名的企业家经常告诫自己的员工们："企业最好的时候，常常是不好的开端；产品最走红的日子，很可能是滞销的开始。"此言极富哲理，也显示着人性的一大弱点，在成功面前，人难免会变得浮躁、激动起来，甚至忘了自己是谁，结果往往容易提前"倒下"，功亏一篑，乐极生悲。

关羽是三国时期响当当的大英雄，他勇往直前，智勇双全，无人可敌。"温酒斩华雄""斩颜良，诛文丑""千里走单骑""过五关斩六将""单刀赴会""水淹七军"……关羽的名声大，功劳高，被誉为"古今名将第一奇人"。

面对这些胜利，关羽陶醉了、骄傲了，变得不再理性、目空一切。比如，刘备册封五虎将时，将关羽列为五虎之首，但当关羽看到马超、黄忠也在列时，竟然拒绝领衔，认为有失自己身份；后来吕布死了，关羽更是认为其他人不过是鼠辈、匹夫、小儿，言语之间经常流露出轻蔑他人、唯我独尊的意向。

关羽独守荆州时，诸葛亮再三嘱咐"东和孙权北据曹操"，可关羽却对东吴来使傲慢无礼，致使东吴和魏国联合起来攻打荆州。更糟糕的是，他认为"东吴鼠辈不足惧也"，仅以少量弱兵留守荆州，结果失了荆州。去攻打樊城时，他又执意走小路入川，傲气地说："虽有埋伏，何足惧哉？"结果被吴兵擒杀。

毋庸置疑，关羽一生大小征战百余次，大多攻无不克，战无不胜，他可谓是生活在鲜花和掌声中的英雄，可惜的是他的心不再平静，迷失了方向，陷入得意忘形的状态，太大意，太骄傲了，以至于做出一些愚蠢的事情，走入人生败局不可避免。想来，人生遗憾之事，莫过于此。

没有人不欢迎成功的到来，但是成功之时也是最危险之时。所以，我们在平时要保持内心安定，在成功时更要如此。让心静下来一点，保持一个冷静的心态，寻求心灵的安定，做到不以物喜，从容淡定，我们会发现这点成功微不足道，不是我们骄傲自大、得意忘形的资本。

冷静是成功的试金石，是成功的必要因素。那些时刻专注内心安宁的人，定有在成功面前不慌不忙、沉着冷静的特点。也正因为这样，他们能够冷静地看待自己，淡然地看待成功，进而正确地判断局势，做出正确的决定，取得恒久、坚实的成功，而不会有乐极生悲的困扰和悲剧。

谢安是东晋的丞相、政治家，他自幼聪慧，性格沉静，临危不慌乱，得意不忘形，具有温雅儒将风度。公元376年，孝武帝司马曜开始亲政，谢安先后被提拔为中书监、录尚书事，实际上总揽了东晋的朝政。面对这样的"成功"，很多人会激动得合不拢嘴、睡不着觉，但谢安没有得意扬扬，而是冷静对待，然后成功调和了东晋的内部矛盾，使政局稳定了下来。

公元383年，前秦王苻坚发兵分道南侵，企图灭晋，军队屯驻淮水、淝水间。当时孝武帝以谢安录尚书事，部署抵抗事宜，并派弟弟谢石、侄谢玄率军在淝水对抗苻坚军，苻坚大败，史称淝水之战。捷报传来时，谢安正和朋友下围棋，谢安看完信便放置一边，继续与朋友下棋。客人忍不住了，问他战场上的胜败情况，他这才缓缓地回答说："仗打胜了。"说话间，神色、举动和平时没有两样。

尽管在政治、军事上取得了巨大的成就，谢安丝毫没有骄傲自满、得意忘形，而是保持冷静，戒骄戒躁，为人谦逊，这种风度真是令人叹服。正是由于拥有这种风度，谢安能够正确认识自己每个阶段的目标与成功的标准，这也是谢安之所以能"定力天下第一，所以能成天下第一之功"的奥秘所在。

有句话说："人生最关键处往往只有几步，稍不慎重就会走岔了路。人生一世最得意之事莫过于功成名就，这是至关重要的岔口。"让我们记住这句话吧，越是鲜花簇拥、掌声雷鸣时，越要保持冷静、冷静、再冷静。相信更大的成功就在不远处等着我们呢。

唤回童心，越简单越好

浮躁是现代人的通病，它看起来神神秘秘，病因却是生命中最简单的东西。在多数情况下，只是由于我们失去了一颗单纯的心，太过于盲目地去追寻嘈杂的外在物质，结果生活变得冗繁复杂、沉重烦乱；精神变得空虚，没有着落，快乐不起来，也不知为何人、为何事而活。

假如有人问一生何时最快乐，恐怕绝大多数人会回答"童年"。童年为什么快乐，就在于它过滤了所有物质，追求最纯净的本真。当一个小小的愿望得到满足，当一个玩耍的需求得到满足，那就是幸福的！生活中的各种事若以孩子的角度来看，都是纯真的、干净的、简单的，不知烦恼为何物。

一位富翁想让从小锦衣玉食的儿子知道什么是穷人的生活，于是假期里带他到农村一户贫苦人家体验生活。那里没有堆满玩具、糖果的商店，也没有刺激好玩的游乐场，更没有披萨、汉堡等美食，富翁带着儿子待了整整一个星期，他自己都有些受不了了，便带着儿子回家了。

路上，富翁问儿子："这几天你过得怎么样？"

儿子回答说："很好！"

"真的？"富翁有些不敢相信，追问道："这回你知道穷人是怎么过日子的了，是不是明白自己一直多么幸福了？"

"他们穷吗？"儿子不解地问，接着说道，"他们一家真富有啊！咱家仅有一个小游泳池，可他们竟有一个大水库；咱家屋子里只有几盏灯，可他们的屋顶上却有满天的星星；还有，咱们家院子只有前院那么一点草地，可他们的院子周围全是大片的草地，还有好多好多的牛羊鸡鸭、瓜果蔬菜！"

听了儿子的话，富翁哑口无言。

面对同样的一个世界，因有童心便截然不同。在孩子的眼中，贫穷与富有的界限不分明，世界在他们看来是纯真美好的，春风暖，夏雨凉，秋高气爽，冬雪融融，日出月落皆有意，红花绿草皆含情。无纷争，无怨恨；没有名利扰攘，没有你争我夺，哪里会有那么多的得与失、痛与累呢？

原来，生活是简单的，只是我们变得复杂了、艰辛了。

"花儿为什么会开？"这是一名幼儿园老师给小朋友们的题目。

"标准答案"是：因为天气变暖和了。

而孩子们给出的答案是："花儿睡醒了，它想看看太阳。""花儿一伸懒腰,就把花朵给顶破了。""花儿想伸出耳朵听听,小朋友在唱什么歌。""阳光太活泼了,它跑来跑去,把花儿吵醒了。"

也许,我们也曾经有过这样多彩的答案,但随着生活中金钱、财富、名利的冲击,我们渐渐淡忘了,童心也渐渐远去了。但同时,不用悲伤,因为心会动,就说明它还是鲜活的,还有唤回童心的希望。

当你因为忙碌的生活而感到不堪重负、烦恼丛生的时候,不要急躁,不要绝望,此时不妨唤回最初的那颗质朴而纯净的童心吧。拥有童心不等于幼稚,相反,这是一种成熟和超脱的表现。它会让你浮躁的心得以慢慢沉静,静静地听到来自心底的声音,一切返璞归真,简单剔透,生活又何累之有?

"你必须保持童心",这话是"童话大王"说的,是那个从小被老师骂为"差生"、那个当年大胆创办《童话大王》的"童话级人物"郑渊洁的感叹。对于自己的成功,郑渊洁说:"在20多年的创作生涯中,我始终都保持着一颗不泯的童心。如果我没有了童心,想象力就会受限制。"

在郑渊洁的生活中有两个世界,一个是现实的,一个是写作的,也就是他创造的虚幻的童话王国。在那里,一切都是有生命、可以对话的。

因为童心不泯,郑渊洁活得简单,活得快乐。而我们也可以重拾童心,回归赤子之心,比如采下一片树叶,放在嘴里吹出音符;或者拿起树枝当画笔,任由想象天马行空;或者大声哼唱小时候最喜欢的歌曲……总之,想哭就哭,想笑就笑,不去计较那些不必要的复杂,简简单单地存在着。

拥有一颗童心,活得简单点,再简单点,快乐就会萦绕。